タクシードライバーとの宇宙談義

チャールズ・S・コケル【著】
CHARLES S. COCKELL
藤原多伽夫【訳】

TAXI FROM ANOTHER PLANET:
CONVERSATIONS WITH DRIVERS
ABOUT LIFE IN THE UNIVERSE

化学同人

既知の宇宙にいるすべてのタクシードライバーに捧げる

タクシードライバーとの宇宙談義　目次

序文

謎めいていて、心惹かれる魅惑的な物質。それを私たちは「生命」と呼んでいる。その研究をなりわいとしている者として、私はよく「生命とは何か」や「ほかの惑星に生命が存在する可能性はあるか」といった会話にあらゆる場所で巻き込まれる。パーティーの場であろうと、空の旅をしている最中であろうと、「地球の生命はこの宇宙で唯一の生命なのか」や「この壮大な実験がそもそも地球で始まったのはなぜか」といった話題は、ほかのどんな話題よりも会話を盛り上げ、楽しくしてくれる。そして、こうした会話の相手としてとりわけ興味深い人がいる。それはタクシードライバーだ。

タクシードライバーは日々、たくさんの多種多様な人と出会う。あらゆる社会階級の人、あらゆる意見をもった人と会話を始めたり、存分に楽しませてもらったりしている。左派、右派、信心深い人、神を信じない人、保守派、リベラル派、ビーガン（完全菜食主義者）、あるいは肉好きの人。タクシードライバーは文明社会に住む人間の種々雑多な考えにまとめて触れることができる。人類の思考の鼓動を感じているのだ。これほど豊かな人間の経験や見方に毎日のように接することができる人はなかなかいない。

私は外の世界とあまり接することがない。それは自分を卑下しているわけではなく、たいていの人に当てはまることではないだろうか。私は研究者で、自分とだいたい同じ世界観をもっている人たちと論文を書いている。学会に出席すれば、そこにいる人の話や考えは自分が興味のある話題だ。仲間に囲まれた安全地帯の外に向けて話をするときも、たいてい聞かれるのはサイエンスに関することで、いずれにしろ自分が慣れ親しんだ話題について話すことになる。会社勤めの人もだいたい同じようなものではないか。不動産業者だってそう。宇宙人について話すことはあまりなさそうだし、パーティーに出席しても、結局は不動産の相談に乗っていたりするのではないだろうか。別にそうなってもかまわない。人類のあらゆる知識を網羅できると思っている人などいない。人生は短いものだ。人類の知恵のごく一部に注目し、それを自分のものにすることで、文明に何かしら寄与しようとするのは賢明な考えだ。

とはいえ、私たちが抱いている壮大な疑問のいくつかについて、ほかの人の考えを知れば、何かがひらめくこともある。たとえば、私たちはこの宇宙で孤独なのか、という疑問。不動産業者であろうと、科学者であろうと、この疑問を抱いたことのない人はあまりいないのではないか。ただし、それは科学に限った話ではない。これと似たような疑問を私たちは日々の暮らしのなかで抱いている。私は孤独なのかという疑問には、物理的な意味で孤独という場合もあれば、自分と同じ見解をもっている人が誰もいないという場合もあるだろう。孤独を感じるというのは、きわめて人間的な経験だ。この冷たく果てしない宇宙で私たちヒトが種の観点で孤独なのかどうか思いをめぐらせるのは、ごく自然なことである。

序文

地球外生命が存在するかどうかという質問をすると、それに関連した問いがほかにも出てくる。なぜ地球外生命について気にすべきなのか？　地球外生命が存在する場合、自分の住む町に彼らが現れたらどうなるのか？　地球外生命がうごめく細菌の集まりでしかなく、人間の目に見えないほど小さい存在だったら、それらに対する扱い方は変わるのだろうか？　いずれにしろ税金をつぎ込んでこうした疑問を解こうとしているのはなぜなのか？　地球外生命のことは脇に置いて、私自身が宇宙に行くことはあるのだろうか？　そもそもこうした疑問は私の人生にとって何の意味があるのか？

あれは二〇一六年の蒸し暑い日、ロンドンのキングズクロス駅から首相官邸までタクシーに乗ったときのことだった。ふだん私はこんなルートを使っているわけではない。私は光栄にも、イギリスの宇宙飛行士ティム・ピークのために首相が主催するパーティーに招かれたのだ。ピークは国際宇宙ステーションでの半年にわたる滞在を終えて、地球に帰還した。首相官邸に向かう途中、好奇心旺盛なドライバーがこんな質問をしてきた。「宇宙にタクシードライバーはいるのかな？」　これが本書誕生の瞬間だ。

この質問はドライバーと交わしていた会話の流れで出てきたもので、私はよくほかのタクシードライバーともこんな会話を交わしている。まず目的地とそこに行く理由を尋ねられ、極限環境における生命についてひとしきり会話していたかと思うと、結局は地球外生命の話題に入っている。そして、地球上で生命があらゆる環境に適応しているように見えることを考えれば、宇宙は生命にあふれているると断言していいかどうかという話に行き着く。とはいえ、私はこうした経験を何度もしてきて、うまくこなしてきたのだが、一つとして同じ結末はない。田舎で行き当たりばったりにドライブして、側道を通ったり、ぬかるんだ悪路を走ったりしているように、会話は考えもしないような驚きの方向へと進んでいく。

宇宙の生命について一般の人向けに講演するとき、話の構成はいつも同じだ。この話題について興味深い視点を提供して観客を楽しませるように全力を尽くし、話が長すぎて愛想を尽かされていなければ、最後に質問をされる。しかし、タクシードライバーの場合は違う。彼らはプレゼンテーションの終わりを待つ必要はない。私がタクシーのドアを開けて座席に座った瞬間から、ドライバーは質問し始める。自分が重要だと思ったことに着目し、どんな反応を示すべきかを探る。

こうした会話すべてに共通することが一つある。それは、タクシードライバーはいつも興味津々であることだ。大量の学術的知識や細かい専門知識、不確かさから生まれる保守的な考えに邪魔されず、タクシードライバーはたいていの人が大事だと思う種類の質問とはどういうものかをよく心得ている。時にはまったく新しい視点も提供してくれる。二〇一六年のあの日の乗車はそれをよく表している出来事だ。二〇〇人の大学生の前に立って、さも深遠な問いであるかのように「宇宙にタクシードライバーはいるのかな?」という質問を投げかける大学教員は果たしているだろうか。だが、タクシーのなかでは現実にそうした質問に出合った。

本書には、あのドライバーがしたような質問がたくさん登場する。一見単純な質問には見かけよりはるかに興味深い問いが隠れていることが多く、なかにはまったく答えられない問いもある。宇宙人のタクシードライバーが存在するためには、生命が一つの惑星に誕生する必要があり、その生命が知的能力を備えていなければならないうえ、彼らが経済とタクシーを発明する必要がある。しかし、誕

序　文

生したばかりの光り輝く惑星に出現した数種類の化合物から、どのような道のりをたどって、タクシードライバーが生まれたのか？　そこに至るまでにどれだけ多くの段階を踏み、その過程が別の場所でも起きる可能性はどれくらいあるのだろうか？　単純な生物が存在するところには、知的な生物と複雑な社会が必ず出現するのか？　知識に邪魔されないドライバーの思考が、地球外生命が存在する可能性と人間社会の本質に関する考えというパンドラの箱を開けた。生命において生物学的にも文化的にも当たり前に思えるものの大半が、宇宙人の問題というプリズムを通して見ると不確かに思えてくる。あの出来事のあと、当時のテリーザ・メイ首相がティム・ピーク宇宙飛行士の帰還を祝う言葉をワイングラス片手に聞いていた私は、スピーチの内容がまったく耳に入ってこなかった。宇宙人のタクシードライバーのことを考えていたからだ。

ほかのタクシードライバーは、地球外生命や宇宙探査、生命全般の現象についてどんな問いを投げかけてくるだろうか？　あの日から私は、タクシーで移動している時間を、宇宙における生命について尋ね、話し、考える機会として利用することにした。

この本に収録したエッセイでは、私が経験したやり取りから生まれたいくつもの刺激的な話題を見つくろって取り上げている。注意してほしいのは、どのエッセイにも私自身の見解がはっきりと刻み込まれていることだ。すべての章が私自身とタクシードライバーとの会話に基づいていることを考えれば、そうなることは避けられない。しかし、人類にどの程度の知識があるか、そして科学界はそれらの問いのいくつかについて現時点でどう考えているかを、ある程度は盛り込もうと試みた。取り上げた問いの一部は地球外生命に関するものだ。地球外生命は存在するのか、どこで見つかる可能性があるか、それはどのような生命だと考えられるか、といった問いである。とはいえ、宇宙における生命の謎には、いくつもの側面がある。私がこの本で伝えたいのは、地球外生命について興味をもつと、生命がどのように始まったかという科学的な問いや、宇宙探査をすべきかどうかという政治的な問い、そして私たち自身の人生の意味といった深遠な問いを考えることにもなるということだ。読者のみなさんも本書を読んで、こうした問いについて私といっしょに考えてもらえると嬉しい。

ひょっとしたら、はるか遠くの銀河で宇宙人の科学者が、彼らにとっての宇宙人のタクシードライバーからどんなことを学べるかについて本を書いているかもしれない。本書のような本は既知の宇宙で何冊ぐらい書かれてきただろうか？　これが一冊目なのか、一五冊目なのか？　私にはわからない。タクシードライバーに聞いてみてほしい。

このロンドンのタクシーのように、地球上ではタクシードライバーは文明社会でどこでも目にする特徴の一つだ。しかし、タクシードライバーは生物の進化で普遍的に見られる産物の一つなのだろうか？

国際宇宙ステーションから地球に帰還したティム・ピーク宇宙飛行士を祝う式典に出席するため、キングズクロス駅からウェストミンスターまで乗ったタクシーのなかで。

第1章　宇宙人のタクシードライバーはいる？

それは蒸し暑い日で、地下鉄で移動するのは気が進まなかった。ダウニング街一〇番地まで遅れずに行かなければならなかったのだが、通勤客でごった返している光景を目にし、駅を出て、タクシーを捕まえることにしたのだ。

ドライバーは眼鏡をかけていて、おそらく四〇代半ば。愛想よく行き先を尋ねてきた。住所を伝えると、それは首相官邸の住所だからか、彼は食いついてきた。そこで何をするのか聞かれた私は、宇宙から地球に帰還したティム・ピーク宇宙飛行士のために首相主催の祝賀パーティーが開かれ、光栄にもそこに招かれたのだと伝えた。そこから私の職業についての話題になるのは自然の流れで、地球外生命が存在する可能性にとても興味があるのだという話になる。しかし、タクシーの後部座席に座って自分の人生について話すのは面白みがないし、自分のことにしか興味がない人間のようだ。そこで私は、ほかの惑星に生命が存在する可能性についてどう考えているのか、彼の考えを聞きたくなった。たとえば、火星とか。

「あそこには何かいる可能性があると思うかい？」と私は尋ねた。

「火星の生命かい。僕はすごく興味があるよ。でも、宇宙のほかの場所の宇宙人についてはどうなんだい？」とドライバーは意味ありげに尋ねてきた。たぶん彼は、高度な能力を備えた宇宙人とか、もっと大きなものを期待して探りを入れてきたのだ。

「きみは地球の外に知的生命がいると思うかい？」と私は質問してみた。

「いるだろうね。星や銀河がこれだけたくさんあるんだから、絶対にいるさ。細菌だけじゃない。人間みたいな生き物もいるに違いない」

彼はもともとこの話題に興味をもっていたようだ。細菌や銀河を会話のなかに盛り込んでいたし、すらすらと答えていたのを見ると、こうした話題について前に考えたことがあったのだろう。

「彼らはどんな姿をしていると思う？ 人間に似ていると思うかい？」と私は尋ねた。

「似ているんじゃないかな。僕が一つ聞きたいのは……」。彼はひと呼吸置くと、熱のこもった口調できっぱりと尋ねてきた。「宇宙にタクシードライバーはいるのかな？」彼はもう一度ひと呼吸置いて続ける。「僕みたいなタクシードライバーがほかの惑星にもいて、こんな会話を宇宙人の客と交わしているのかってことさ」。さらにひと呼吸。「そう、これを聞きたいんだ。宇宙人のタクシードライバーはいるのか？ 宇宙のほかの場所に僕みたいな人がいるんだろうか？」

私は少なくとも職業として三〇年ほど科学者をやってきて、数えきれないほどの会合や会議、ワークショップに参加してきた。そのなかで、仲間の科学者たちが地球外生命について議論するのを幾度となく聞いた。しかし、キングズクロス駅から首相官邸にタクシーで向かうごく短い時間に、それまで尋ねられた質問のなかでこれ以上ないぐらい鋭い質問を聞いた。ほかの惑星にタクシードライバーはいるのか？　私はドライバーをがっかりさせたくはなかった。彼はよい質問をしてくれた。だから、そのとき私が答えたことを、少し細部を補足したうえで紹介したい。

タクシードライバーはすばらしい。今度タクシーに乗ることがあったら、タクシードライバーがどのように誕生したかを考えてみるといい。彼らが出現するためには、宇宙でぐるぐると渦を巻いていた物質に、いくつかの現象が連続して起きないといけない。その段階を考えていけば、タクシードライバーが注目に値する理由を理解できるし、タクシードライバーが宇宙に普遍的に存在するかどうかという質問を掘り下げることができる。

まず、宇宙がどのように誕生したか、そして、なぜこの宇宙がタクシードライバーに適した場所になったのかという問題があるのは言うまでもない。ほかの宇宙、いわゆる「パラレルワールド」や「並行宇宙」と呼ばれるものは存在するのか？　物理法則によってタクシードライバーが存在しえない世界、つまり物質の存在を安定させる基本定数がわずかに異なるためにタクシーがそもそも存在できない世界はあるのだろうか？　これは宇宙論者の専門分野だ。ここでそれについて議論するのはやめ、私たちがいる宇宙、つまりタクシードライバーが存在可能な物理法則が働く世界だけに着目したい（私がほかの宇宙についての議論を避けるのは本当に珍しいことで、タクシードライバーの存在はおろか、存在という事実そのものを説明するのがいかに難しいかを物語っている）。

宇宙が誕生した当時、そのもとになった物質（水素、ヘリウム、そして大量の放射線）はタクシードライバーをつくるには足りなかった。これは宇宙全体に言えることで、宇宙論的にはどこもかしこも「タクシードライバー出現前」の状態だった。地球上のあらゆる生命に言えることだが、生化学的にタクシードライバーの中核となる部分には少なくとも六種類の元素が必要だ。炭素、水素、窒素、酸素、リン、硫黄である。これらはＣＨＮＯＰＳ元素と呼ばれることもある。水素を除いた五種類の元素は、大質量の恒星の核のなかで形成された。そこでは温度がきわめて高く、化学反応も極度に活発であるため、水素やヘリウムよりはるかに重い元素が形成されることがあった。こうした恒星が爆発し、タクシードライバーの成分を宇宙全体にまき散らすと、その莫大な爆発によって銅や亜鉛といったさらに重い元素が生じる。こうした元素もまた、タクシードライバーの生化学的な要素のなかに散らばっている。

次に、この多様な元素が組み合わさって複製可能な分子をつくれる状態にならなければならない。それが最初の生命の兆しとなる。そうしないと、この原子の集合体はいつまでたっても宇宙で渦巻いて混ざり合うだけの状態だ。集まった原子どうしが組み合わさって分子となり、それが複製を始めて、自身のコピーをたくさんつくるようになるだけでなく、わずかな変異が生じることで自身を改良できる、つまり進化できるようになるまでに、どのような過程をたどったのか？　長年研究されてきたにもかかわらず、その答えは今も謎に包まれている。三五億年以上前に自己複製する最初の化学反応が起きたしくみはまだ解明されていないが、その現象がやがてタクシードライバーをはじめ、生物界で知られているすべての生命を生むことになった。

とはいえ、単なる化合物が生物へと移行する過程が何も解明されていないわけではない。いくつか基本的なしくみはわかっている。必要なのは、細胞をつくるのに都合がよい化学反応を起こすことができるエネルギーと適切な化学条件を備えた環境だ。初期の地球で、このような生命の出現に適した条件を備えていたと思われる場所はいくつもある。海底から高温の流体を噴き出す熱水噴出孔から、小惑星や彗星の衝突でできた太古のクレーターの内部まで、生命を生む化学反応が起きそうな場所はたくさんあるのだ。生命をつくった原材料の正確な内訳については議論が続いているが、そうした原材料は地球自体および太陽系の渦巻くガスのなかで生成されたことはわかっている。初期の地球や隕石の状態を模倣した実験環境で、生命の構成要素と同じ物質が出現することは確認されている。隕石は太陽系が生まれた頃の名残をとどめている。

しかし、エネルギーと化合物の混合物から最初に何が出現したかは不明だ。そうした単純な化合物がどのように組み合わさって細胞の代謝経路と自己複製する分子を形成したかもわかっていない。たまたま形成されたのかもしれないが、必然的にそうなったとも考えられる。議論を進めるうえで、これが最初の障害だ。水の存在する温暖な惑星で化学反応が無数に起きた結果、自己複製と進化が可能な生命が必然的に出現したのだとすれば、私たちがめざすタクシードライバーに一歩近づいたことになる。しかし、この移行がきわめて確率の低い現象だった場合、つまり、広大な宇宙全体でさえ何度も繰り返されないほど起きる可能性が微小だった場合、タクシードライバーはきわめて希少な存在だということになる。

初期の自己複製する分子が地球上に現れると、複雑化への長い旅が始まった。その最初の成果の一つが、膜に包まれること、つまり細胞の構造を発達させることだった。膜の内側に閉じ込められることで、分子は代謝機能と化学経路を発達させることができ、やがて地球上のさまざまな環境に適応できるようになった。新たな経路を獲得すると、栄養源として硫黄と鉄を取り込むことができるようになった。その後、ひょっとしたらずっとあとになって、細胞内で生成された糖のおかげで、一部の微生物は乾燥した初期の陸地で生き延びることができた。それから一〇億年かそれ以上かけて、こうした細胞や微生物は地球全体に拡散し、極地を覆う氷冠から灼熱の火山湖の内部まで地球の隅ずみに進出するなかで多種多様な可能性を探り、それらを組み合わせながら進化していった。これらの初期の化合物は海にとどまっていれば希釈され、拡散して消えてしまうが、膜に包まれることで拡散を防いだ。細胞は世界を征服したのだ。

このような出来事が起きてから現在まで、海と陸地は微生物であふれている。その数は一〇億や一兆という数字では収まらず、ゼロが三〇個もつくほど膨大な数であると今では考えられている。それは言葉では表せないぐらい途方もない数だ。しかし、微生物は複雑性という点で限りがある。微生物がエネルギー源として使っている水素、アンモニア、鉄、硫黄などでは成長できる大きさに限界があるのだ。単細胞生物がもっと複雑な形態に変化し、最終的にタクシードライバーになるためには、エネルギー革命が必要だった。

微生物が地球上に生まれて一〇億年目の誕生日を迎えるはるか前にはすでに、その革命がひそかに進んでいた。鍵となったのは、シアノバクテリア（藍色細菌）と呼ばれる生物の細胞が、エネルギー源として太陽光と水を利用する能力を発達させたことだ。この新たなエネルギー収集法は生物が棲める場所を一気に広げた。太陽光と水があれば、どこでも生きていけるようになったからだ。それまで生命は岩石起源のミネラルに頼り、ごく限られた場所でしか細胞のエネルギー源を得られなかったが、光合成でエネルギーを得る方式を発達させたことによって、ミネラルの呪縛から解き放たれた。生命は海洋の隅ずみまで分布域を広げただけでなく、陸にも進出できるようになったのだ。

太陽のエネルギーをシアノバクテリアのエネルギー（そして、のちの藻類や植物といった光合成をする生物のエネルギー）に変える過程には、水の分子を水素と酸素に分けるための新たな生化学的機構が含まれる。水素は細胞のエネルギー源として欠かせないものだが、酸素は老廃物だ。シアノバクテリアは酸素を大気中に排出している。それから長いあいだ、酸素は特に目立った影響を及ぼさなかった。酸素は鉄や硫化水素ガス、そして原始の大気に含まれていたほかのガスと反応し、大気からきれいに取り除かれていたからだ。しかし、時がたつにつれ、酸素を除去する反応の源が底をつき、酸素は大気中に蓄積し始めた。これは膨大な数の光合成生物が出現したからだ。シアノバクテリアは史上最大級の大気汚染を引き起こした元凶であるともいわれているが、この小さな生き物は自分たちの行動が何を引き起こすかよくわかっていなかっただろうから、決して彼らに失望すべきではない。

それまで酸素のない環境で幸せに暮らしていた微生物の一部にとって、この新たな汚染物質の蓄積はおそらく大惨事だっただろう。私たちは酸素と生命を結びつけているのだが、酸素は化学的に反応しやすい物質で、反応性の高い酸素の原子や分子をつくり、無防備なタンパク質やＤＮＡ（デオキシリボ核酸）といった重要な分子を攻撃して損傷させる。酸素にさらされた生命は防御機構を発達させて、酸素の猛攻撃から身を守る必要に迫られただろう。しかし、そんな酸素にも利点はある。酸素が有機物質（炭素を多く含んだ分子）と化合すると、その化学反応で大量のエネルギーが放出されるのだ。こうして好気性呼吸の段階へと入った。このエネルギーを収集する化学反応はあなたや私、タクシードライバーのほか、森林火災で炭素に富んだ木々が酸素と反応して燃えさかるときにも起きる。
酸素を取り込むことで、生命ははるかに大量のエネルギーを利用でき、細胞どうしが協調して動物を形づくることもできるようになった。およそ五億四〇〇〇万年前、酸素が大気中に占める割合が一〇%ほどにまで高まると、動物が出現した。動物はその後、捕食者と被食者のあいだの「軍拡競争」のような形で大型化していく。体の大きな動物は小さな動物より効率的に狩りができる一方で、捕食を逃れやすくもなった。酸素濃度が高まったおかげで、さまざまな形態の生物が現れては消えていく「実験」が始まった。

単細胞生物から動物への進化はタクシードライバーに至る道で欠かせない段階だった。生命の誕生と同様、この進化も必然だったかどうかはわからない。どの惑星でも生命は光合成の能力を見いだし、大気中に酸素を排出するものなのか？　そして、酸素が大空に満たされたあとも、生命はそれを利用して、細胞が寄り集まった複雑な生物へと変容し、走ったり、跳びはねたり、飛翔したりできるようになるのだろうか？　微生物だけが地表にうごめく惑星、ネバネバした泥のようにしか見えない微小な生物しか宿さずに消えていく惑星を想像することはできるだろうか？　この問題もまた、生命の基本的な構成要素からタクシードライバーに至る道で一つの障害となる。

私たちが暮らすこの青い惑星では、こうした移行が確かに起き、多細胞生物は何億年にもわたって繁栄し、多種多様な生物へと枝分かれして、現在知られている生物圏を形成した。とはいえ、感心ばかりしていてもいけない。今でも、地球上にいる種の大部分は微生物だからだ。私たちは微生物の世界に住んでいる。植物や動物は新参者であり、現在でも微生物による栄養循環に頼って生きているのだ。

私が生命の出現した歴史をここまでざっと話し終えると、タクシードライバーは長大な時間軸のなかで非常に多くの出来事が起きたことに驚いた様子だった。彼は頭をかくと、窓を開けて新鮮な空気を車内に取り込んだ。温かい風が私の顔に当たる。「つまり、ここにたどり着くまでにすごい数の出来事が起きたってことだね？」知られざる長大な歴史があるということだ。私は彼が求める答えをめざして、話を続けた。

動物は歩みを始めたものの、行く先はあらかじめ決まっていたわけではないし、どこか明確な目的地があったわけでもない。恐竜は一億六五〇〇万年にわたって陸と海、空を支配した。しかし、あるとき宇宙から飛来した物体が地球に衝突した衝撃で、恐竜の進化は一瞬にして終わることになる。この出来事で、恐竜はこれまでに出現したすべての動物の九九％と同じ運命をたどった。つまり、絶滅したのだ。時代の経過とともに、動植物は決して物理法則に逆らうことなく、進化の実験の道筋をたどりながら、知らず知らずのうちに種の数を増やし続けた。

しかし、およそ一〇万年前になると、動物は新たに道具を作製する高度な能力を発達させた。それまでの動物にはないやり方で探索や学習ができる能力だ。この動物の脳は大型化し、自己認識ができるまでになった。地質学的な尺度では一瞬とも言える期間に、強力な精神能力を生かした道具や作品を残し始めた。絵画、成形した矢、陶器、やがては宇宙ステーションを建造するまでになった。生物がもつどのようなスイッチが、意識と知性の出現を可能にしたのだろうか？　かつてこうした特徴はそれ以前にはなかったまったく新しいものであると考えられていたが、今ではカラスから魚まで、多くの動物が初歩的な道具の作製能力とある種の認知能力を備えていることがわかっている。ヒトの脳はほかの動物の脳と根本的に異なっているわけではないが、知性を生んだのはヒトだけだった。しかし、知性の発達は必然だったのだろうか？　ここでもまた、私たちが謙虚に無知と向き合わなければならない。この問いは知性が宇宙で稀なものなのか、ありふれたものなのかを問いかけるものではあるが、説得力のある答えはまだ見つかっていない。

ヒトは頭を使って共同作業を行なった。そして、他者との連携で得られる膨大な利点に気づくと、農業、畜産業、そして工業を発明した。社会もつくった。最初は狩猟採集や農耕を行なう共同体だったが、やがて何百万人もの人口を抱える都市を形成するまでになった。

ヒトの共同体が規模を増すにつれ、食料などのリソース（資源）を運搬する方法を改良する必要が出てきた。創意に満ちたヒトの頭脳が導き出した答えは、車輪だった。製陶に使うろくろは紀元前三五〇〇年頃にメソポタミアで最初につくられ、それから三〇〇年たたないうちに戦闘馬車の原理として利用されるまでになった。ほぼ同じ頃、古代エジプト人はスポーク付きの車輪を試していたと考えられている。これまでに知られている最古の木製の車輪はスロベニアのリュブリャナで発見されたもので、紀元前三二〇〇年頃のものと考えられている。

戦闘馬車や荷馬車が普及すると、商魂たくましい人物が荷台の空いた場所を人の輸送に利用して、希望の目的地まで運び、その対価を得られるのではないかと考えたに違いない。このとき、タクシードライバーが誕生した。車輪が紀元前三二〇〇年頃に出現したことを考えると、タクシードライバーの出現はそれからまもなくだったと私は推測する。たとえば、紀元前三一〇〇年としようか。

それは極上の瞬間だった。最初の人物がもう一人のほうを振り向き、「よし、エリコまで乗せていくよ。でも、代金としてヤギ一頭をもらう。それにチップも期待しているよ」と言ったとき、宇宙の永遠の空虚を漂う銀河の渦状腕（かじょうわん）に位置する平凡な恒星を周回している惑星で、タクシードライバーが誕生したのだ。この出来事もまた必然だったのだろうか。ヒトが商業を営みたいという本能は、進化の過程で避けられない結果なのか？　利他的な協力に基づいた経済をもつ地球外の文明、つまりサービスと引き換えに対価を求めるという概念をもつ社会が絶対に生まれないと想像することはできるだろうか？　私が思うに、そうしたユートピアのような社会であっても、ドライバーは車両の基本的な維持費をまかなうために報酬を求める可能性があると、強く主張することもできるのではないか。いずれにしろ、いったん生物の共同体が集まって複雑な社会を形成すれば、輸送と車両、したがってタクシードライバーも必然的に出現するように思える。

ずいぶん長い道のりだった。三五億年以上前、地球の表面を漂っていた化合物が自己複製する分子に変わり、それが細胞のなかに取り込まれ、新たなエネルギー収集法を見いだし、やがて多細胞生物に変身した。こうした生物が脳を発達させ、自己認識をするようになり、車輪を発明して、タクシードライバーになったのだ。地球の歴史を一時間に圧縮すると、この壮大な物語の最終章、つまりタクシードライバーが出現してから現在までの期間は最後の五〇〇分の一秒ほどでしかない。

この長大な歴史のなかで、生命が新たな方向へと舵を切った分岐点はいくつかある。自己複製する分子の出現、細胞の形成、光合成の出現、動物と知性の誕生だ。こうした変化が起こるべくして起きたのか、つまり宇宙全体で起きてきたのかどうかはわからない。実際、これらの変化のいずれかがめったに起きないものならば、地球は宇宙のなかで希少な安住の地であり、地球で起きなければタクシードライバーは宇宙に存在しなかったかもしれない。

私の乗ったタクシーは官庁街に差しかかり、首相官邸に入る防犯ゲートの外に停まった。私のタクシーの旅、そして時間をめぐる旅を終える頃には、ドライバーは背筋を伸ばし、誇らしげに見えた。自分の祖父母から太古の地球を粘土のように覆っていた微生物にまでさかのぼる系譜とじっくり向き合ったことで、自分自身がいかに特別で稀な存在なのかに気づいたかのようだった。彼はにっこり笑い、私たちは料金と感謝の言葉をやり取りして別れた。

必然だったかどうかはさておき、私たちの小さな惑星で単なる原子からタクシードライバーに至る旅をするには、膨大な数の微生物と、無数の絶滅動物、途方もなく長い時間が必要だった。途中の一つひとつの段階が、あの一つの問いに含まれている。ほかの惑星にタクシードライバーはいるのか？

次にタクシーに乗車することがあったら、生命の旅路を生んだ時間と進化の長さを理解できる意識をもっていることがどれだけ恵まれた特権であるかを考えてみよう。そして、二つの驚くべき可能性を考慮してみてほしい。私たちは宇宙で唯一タクシードライバーがいる惑星に住んでいるのか、それとも、この銀河系やほかの銀河にはタクシードライバーがもっと多くいて、話し好きのタコみたいな生き物が異星の都市で乗客たちを目的地へ運んでいるのか。

人びとは昔から、宇宙人に知性があると考えていた。この 1835 年のニューヨークの『サン』紙がでっち上げた架空の絵は見事だ。新たな観測結果から月には翼の生えた宇宙人やほかの動物がすんでいると報じて、読者に信じ込ませた。

ダレス空港からＮＡＳＡのゴダード宇宙飛行センターまで乗ったタクシーのなかで。

第2章　宇宙人との接触で生活は一変する？

アメリカの首都ワシントンは目が覚めるほど寒い夜で、私は少し時差ボケだった。長時間のフライトのあと、入国審査を受け、預けた手荷物の受け取り待ちをして、税関の列に並んだら、大西洋を横断する長旅で頭がぼうっとしていることに気づいた。少しはぬくもりと心の落ち着きを得られるかと期待しながら、タクシーの後部座席に乗り込んだ。腰を落ち着けるとすぐ、ドライバーはこの街に来た理由を熱心に聞きたがった。五〇代だろうか。大柄で存在感があり、座席を埋めるほどずんぐりとした体に着たチェックのシャツはかなり大きいサイズだ。シャツの裾はすり切れている。彼はまた車内を明るい雰囲気で満たし、顔には満面の笑みを浮かべてくれた。

「ほかの惑星を探査する機器について共同研究者たちと話しに来たんだ」と私は言った。「NASAのゴダード宇宙飛行センターまで頼む」。私がタクシーでこのようなことを告げたときの反応はいくつかあり、ドライバーは黙ってうなずいて車を走らせるだけのこともあるのだが、時には「大当たり」が出ることもある。つまり、地球外生命に熱烈な興味をもつドライバーに当たるということだ。

この夜、私は気乗りしなかったにもかかわらず、当たりくじを引いてしまった。

「ほかの惑星に何かあるのかい?」とドライバーは単刀直入に尋ねてきた。宇宙生物学者をやっていて面白いのはそこだ。人びとは何かしらの答えを期待している。自分が知らないことを知りたいのだ。自分の推測が彼らの推測と大差ないことを告げると、彼らは困惑し、つまらなそうな表情さえ見せる。だから私は、何かある可能性について、ドライバーの考えを尋ねてみた。

「恐ろしい感じがするよね? 宇宙人は病気をうつすかもしれない。映画みたいに。たぶん、とんでもないことが起きる」。彼の言葉には明らかに懸念が表れていた。しかも、ほとんどメロディーのような南部訛りがあるからか、その懸念はいっそう深く聞こえた。たぶんルイジアナ訛りか?

「でも、病気をうつさないとしたら、世間の人は気にすると思う?」と私は尋ねた。

「さあね、でも人間に似ていたら、役に立つかも」と彼は思いをめぐらした。

「彼らと接触してみたい? それとも、何かとんでもないことが起きるかもしれないから、単に避けるべきだと思う?」

「うーん、彼らのテクノロジーを伝えてくれるかもしれないし、そうなったら得るものも多い。まあ、何とも言えないけど」

人びとの反応、人間社会へのインパクトについて彼がどう考えているのか、私は思いをめぐらした。

「実際に宇宙人と接触したら、大混乱が起きると思う?」

「もし来たら、すごくたくさん問題が起きるだろうね。でも、あなたが言うように、彼らが信号を送ってきたとしたら、どうかな。メディアは何か報じるだろうけど。僕はどうするだろう?」と彼は問いかけた。彼の一文は短くて、当を得ている。彼は何もたずに地球にやって来る宇宙人には、明らかに興味がなさそうだ。

ドライバーの答えは例外ではないと思う。宇宙人は私たちの生活を変えるだろうか？　彼らと直接会うわけではないとしたら、生活は変わるのか？　私はうなずいて同意を示した。このドライバーは、知的な地球外生命の文明が自分の身近に現れるという考えにまったく関心がなかった。その反応はわからないわけではない。

読者の皆さんはどうお考えだろうか。私たちが地球外で知的な文明の存在を示す明確な証拠を発見した場合、私たちの生活に何が起きるだろうか？　激しい議論が巻き起こるのか？　日常生活の心配事を差し置いて、地球外に知的な文明が存在することの影響を直視するようになるのか？　彼らと接触することを恐れるのか、それとも、地球外生命の存在がまわりの問題を見えなくして新たな平和を生み、ついに人類を一つにまとめる可能性はあるのだろうか？

驚くかもしれないが、私たちはこれらの問いに対する答えを知っている。しかも、それは単なる推測ではなく、正確にわかっているのだ。

一九〇〇年、フランス科学アカデミーが「ピエール・グズマン賞」を新たに設けたことを発表した。アンヌ・エミリー・クララ・ゴゲという人物の息子にちなんで名づけられた賞で、その原資は彼女の遺産だった。この賞は二人に授けられ、一〇万フランを山分けする。賞の一つは医学分野の功績をあげた人物、もう一つは地球外生命の文明と最初にコミュニケーションをとった人物に贈られる。しかし、そこには、火星を除くという制約があった。火星人とのコミュニケーションは簡単すぎると、賞の委員会が判断したからだ。

地球外生命の存在にこれほど自信をもっていたのはなぜだろうか？　こうした見方は決して新しいものではなかった。宇宙での私たちの位置をめぐる問題の奥深さは古代ギリシャ人の頭にも思い浮かび、似たような結論に達している。初歩的な原子論を提唱したデモクリトスの弟子であるキオスのメトロドロスは、紀元前四世紀にこのように主張している。「広大な平野にトウモロコシが一本しか生えていない、あるいは無限の空間にたった一つの世界しかなかったら奇妙だろう」。もちろん、細かいことを言うと、農家は必ず種をたくさんまくから一本しか生えないことはないのだが、そういう屁理屈は脇に置いて考えれば、メトロドロスは妥当な指摘をしている。生命が生まれる条件がそろっている場所では、たいてい生命は一つではなく、次々に現れるものだ。これと同じように、地球が存在するという事実自体が、地球に似た惑星が宇宙にたくさん存在することを暗示しているはずだと、メトロドロスは推測したのである。

地球に生命が存在することは宇宙のほかの場所にも生命が存在することを暗示しているということの論理は、直感的には妥当に思える。しかし、生命が誕生するまでのいくつもの段階のうち一つだけでもまず起こりえない場合、メトロドロスの指摘は間違っていることになるだろう。地球は荒涼とした畑に一本だけ生えているトウモロコシかもしれないということだ。とはいえ、メトロドロスが抱いたのは、簡潔で力強い見事な問いであり、時代を超えて人びとの心に響く。地球に生命が存在することは、宇宙のほかの場所にも生命が存在することを暗示しているのか？　メトロドロスは地球外生命が存在する可能性に魅了された、知られている限り最初の人物だ。その可能性はのちに、世界中で人びとの想像力をかき立てることになる。

　地球外生命の存在を楽観視するメトロドロスの見方は、フランス科学アカデミーが賞を設けるに当たって定めたルールに表れている。二〇世紀に入る頃、火星には生命が存在していると広く考えられていた。地球に近く、地球のような岩石惑星だから、文明も発達しているに違いないというのだ。今の時代からすれば、このような考えはばかげているように思える。それは、火星に地球外生命の社会が存在しないことがわかっているからだけでなく、地球外生命が存在すると人びとに確信させることが難しいからでもある。今では、火星にかつて生命が生存可能な条件があったことを示唆する発見が何かしらあるだけで、私たちは心躍らせる。しかし、ピエール・グズマン賞の主催者にとって、火星に生命が存在するという考えは当たり前のものだった。

　ピエール・グズマン賞が火星を除外したことには、私が乗ったタクシーのドライバーが発した「地球外生命の存在にある程度の現実感が出てくると、人間社会は一変するのか」という問いへの答えがある。心にとめておいてほしいのは、人類はこれまでの歴史で、地球外に知的な文明が存在すると確信していただけでなく、その存在を当たり前と思っていた時期があるということだ。私たちはまた、相変わらず戦争を続けていたこともわかっている。人間は調和を実現しなかった。さらに、「宇宙人」は議論を促すものの、それは書籍や、一部のインテリ、それとおそらく一部のディナーパーティーに限られていたこともわかっている。ほとんどの人の暮らしには影響しなかった。火星人は家賃や食料価格にもほとんど影響を及ぼさなかった。これは気にすべきほどのことだろうか？　この過去の人びとの考え方や態度を知ってがっかりする読者もいるかもしれないが、その一方で、人類の文明が地球外生命との接触で生じうるトラウマに対処できることがわかり、安心させてくれるものでもある。

ただし、いくつか注意点をあげておきたい。まず、二〇世紀に宇宙人マニアは実際に地球外生命と接触したわけではなかった。ある意味、地球外生命からの信号がないということは彼らが人類に干渉していないことの表れであり、彼らにとっては安心材料だった。誰も危険にさらされていないというわけだ。はるか彼方の文明から実際に信号を受信したら、かなり違った反応があったかもしれないが、その反応は信号自体の性質によって異なるだろう。遠くの場所からはるか昔に送られたメッセージが、太陽系の内部から発信されたのか、太陽系の縁辺に漂う天体から発信されたかによって、受け取られ方は違う。近くからの信号である場合、恐ろしいと感じる人はいるかもしれない。ピエール・グズマン賞の事例からは、現代人が何らかの形で地球外生命の存在を知ったときに見せる反応の全体像はわからないかもしれないが、想定される反応の一端を知ることはできる。

フランス科学アカデミーの事例からは、地球以外の惑星に生命が存在するとの考えは、決して現在の科学の時代に限ったものではないということもわかる。地球外生命が存在する可能性は古代アテネの哲学者を動かしただけでなく、ルネサンスや啓蒙運動の時代も同様に驚くべき考えを生み出した。地球以外の惑星に関する推論のなかでもとりわけ驚くべき推論の一つは、ドミニコ会修道士で数学者、哲学者でもあったジョルダーノ・ブルーノが提示したものだ。ブルーノは一五四八年にナポリで生まれ、ヨーロッパ中を旅して見聞を広め、著作を書き残した。彼が一五八四年に出版した大著は、現代の書店にあっても違和感のないものだ。タイトルは『無限、宇宙および諸世界について』。そのなかに埋もれていたのが、以下の興味深い説だ。

宇宙には無数の星座や恒星、惑星がある。われわれには恒星しか見えないが、それは恒星が光を放つからである。惑星は小さくて暗いから見えない。恒星のまわりには無数の惑星が回っている。それらは私たちのこの地球より決して劣ることはない。理性的に判断すれば、地球よりはるかに大きな天体に、私たち人類が住む地球の生物と同等かそれより優れた生物が存在しないと考えるなどありえない。

一六世紀であることを考えれば、これは地球外生命に関する見事な推論だ。特筆すべきは、太陽系外惑星が発見される四〇〇年以上も前に、ブルーノが系外惑星について記していることである。ブルーノはまた、遠くの恒星のまわりを回っている地球型の惑星を見つけにくい理由を「小さくて暗いから」と明確に示している。当時、宇宙に肉眼で見えるもの以外にも何かあるかもしれないとの考えや、光の明るさや暗さが距離に関連しているとの考えを抱いた人はほとんどいなかった。

残念ながら、ブルーノは自分の説を突きつめることはできなかった。著書が出版される前にもかかわらず、教会の年長者に関するさまざまな分別のない言動があったうえ、カトリックの上層部を怒らせる信条を抱いていたために異端審問所に逮捕され、七年にわたって投獄された揚げ句、一六〇〇年に火あぶりの刑に処されたからだ。異端とされた信条の一つは、いわゆる「世界の複数性」（宇宙には生物を宿す地球型惑星がほかにもあるという説）を支持していたことだと考えられている。世界が多数あるとの説は、神の創造物のなかで人間が置かれた特別な地位を脅かした。昔は系外惑星について話しただけで火あぶりの刑に処されたのだと考えると、身が引き締まる思いがする。

一七世紀に望遠鏡が発明されると、故ブルーノの推測を支持する仲間が数多く現れた。これと反対のことが起きるとも十分に考えられたかもしれない。空想の時代は終わりを告げ、確固たる経験と観察の時代が訪れるだろう、と。しかし、実際にはそうならなかった。確かに人類は、太陽系のほかの惑星を実際に観察できるようになった。それまでは、ほかの惑星が存在する手がかりしかなかった。さらに、恒星までの長大な距離を以前より正確に割り出せるようにもなった。しかし、望遠鏡による観察で、地球の近くを移動している小さな点が実際には惑星であることはわかったとしても、その望遠鏡で惑星の表面を詳しく観察することまではできなかった。このように、私たちの祖先は望遠鏡で発見した新たな惑星について熟考することはできたが、その生命の存在を阻むような極限環境について理解する手段はもっていなかった。しかし、推測や空想はとどまることがなかった。地球外生命が存在するとみられる多数の候補に数多くの新発見の惑星が加わったにすぎず、地球外生命はありふれているという憶測が生じることとなった。太陽系は数えきれないほどの社会で満ちているように思われた。

望遠鏡時代に現れた地球外生命に関する大胆な推測のなかには、現代人から見ると受け入れがたいものもある。そうした突飛な説の多くが当時指折りの説得力をもった有識者から出されたことを考えるとなおさらだ。振り子時計の発明者で、土星の衛星タイタンの発見者でもあるクリスティアーン・ホイヘンスは、ほかの惑星に生命が存在する可能性や地球外生命について多数の著作を残している。遺作となった一六九八年の著書『宇宙論（*Cosmotheoros*）』のなかで、ホイヘンスは地球外生命に関する著作を綿密に統合して、金星に天文学者が存在すると推測したほか、ほかの知的生命が幾何学を理解するとの説を唱えた。こうした説を裏づける証拠がないことを認めながらも、ホイヘンスは議論をやめようとしなかった。「これはきわめて大胆な主張ではあり、正しいかどうかははっきりしないが、これらの惑星に棲む生命はひょっとしたら、私たちが発見してきたものよりも深く音楽理論を理解しているかもしれない」とホイヘンスは書いている。

現代の読者からすれば、これはかなり不可解な説であるのだが、一七世紀と一八世紀の思想家はたいてい博識家で、現代の学者とは違い、一つの狭い学問領域を掘り下げる圧力にさらされていなかったことを考えると納得しやすいだろう。ホイヘンスも例外ではなかった。ホイヘンスは音楽家の息子であり、自身は音楽理論家だったのだ。

それと同時期には、気候が人びとの気質を形づくる主な要因の一つであるかどうかを政治哲学者が思案し始めた。知識人がこのような状況に置かれていたことを考えると、夜空を観察して金星のような惑星を目にすれば、地球より暑い惑星で文化が出現するのではないかと推測したくなっただろう。ひょっとしたら、地球外生命は頭の回転が速く、音楽に対して見事な理解力をもっているのか？　結局のところ、モンテスキューのこの言葉に集約される。「イングランドとイタリアでオペラを見てきた。どちらも同じ俳優が同じ歌劇を演じている。しかし、同じ音楽でも、これら二つの国で聴衆の反応はあまりにも違い、信じられないほどだった。一方はとても静かで、もう一方はうっとりとしていた」。アメリカ合衆国建国の父にも多少の影響を及ぼした『法の精神』の著者であるモンテスキューでさえ、実証実験をもとに風変わりな説を唱えている。彼はヒツジの舌に生えている細かい毛が味覚を担っていると推測し、舌を冷凍したところ、その毛が引っ込んでいることに気づいた。これは低温が神経に影響を与えている証拠であり、したがって低い気温はオペラの公演への反応にも影響していると、モンテスキューは考えた。イタリア人やイングランド人と同じように、金星人も居住環境の影響を受けると考えられたのだ。

私の乗車したタクシーのドライバーにとっても、ホイヘンスが音楽について推測したことの意義はその平凡さにあった。はるか彼方の惑星はともかく、太陽系に知的な地球外生命が存在することは当たり前すぎて、地球外生命が存在すると見なすべきかどうかという問いは考えるまでもないことだった。明らかに、当時の人びとの認識では地球外に知的生命が存在するのは確実だった。問題は知的生命が音楽をどれほど理解し、どの程度作曲できるかということだった。

科学的な自信は、文学作品に描かれた地球外生命への期待に表れている。SFと科学はこれまで常にワルツを踊っているように寄り添ってきたが、地球外生命の分野においてはまったくそうではなかった。同様に、ポピュラーサイエンスという新たな分野は、地球外生命が存在する可能性について楽観的で、ヨーロッパ中の客間で激しい議論を巻き起こした。人気作家は地球外生命が確実に存在するという考えを広めた。地球外生命について書かれた多くの小冊子や論説のなかで最も広く読まれたのは、一六八六年に出版されたベルナール・ル・ボヴィエ・ド・フォントネルの著作『世界の複数性についての対話』だ。これは月やほかの惑星に棲む生命について書かれた読みやすい本で、読むと引き込まれるし、楽しい気分になる。当時形成されつつあった科学的合意とSFが大胆に融合されている。語り手のベルナールが月明かりに照らされる庭園で、太陽系のしくみについて熱心に知りたがっている侯爵夫人と対話するという設定だ。この本は時代を超越し、今読んでもこの上なく楽しい。読書リストに加えることをお薦めする。

この本の特性をどう位置づけるかは難しいのだが、私にとって、その特性の一つは説得力がありながら謙虚なベルナールの議論にあると思う。彼はしばしば自分が知識不足であると述べ、既知の天文学の領域を越えないように注意していると書いているものの、彼の文章を読んでいると、月に文明が存在することを否定するほうがおかしいとさえ思えてくる。そうした印象を受けるのは、侯爵夫人の立ち振る舞いが魅力的だからだろう。知性にあふれ、はっとするような鋭い質問がどんどん出てきて、感動すら覚えるほどだ。この本が近代天文学の知見を知らなかったヨーロッパ人の心をつかみ、多くの人が地球外生命の存在を固く信じるようになったのも納得できる。フォントネルは、知的な地球外生命がすぐ近くに存在しているとの考えを一般の人びとに植えつけた。

その後の一〇〇年で発見が相次いでも、人びとの想像力が鈍ることはなかった。もう一人の権威であるウィリアム・ハーシェルが天王星と赤外線放射を発見した時代に入ろう。天文学に対する彼の思考は、それ自体が権威を帯びていたに違いない。とはいえ、ハーシェルは一八世紀後半に月面人、つまり月に存在する生命についてこのように書いている。「この主題について少し考えてみたのだが、月の表面に見える無数の小さな円形構造は月面人がつくったものであり、彼らの町と呼んでもいいかもしれない」

ハーシェルは月面に完全な円形の構造があるのを見て、当時の誰もがそうだったように、それが小惑星や彗星の衝突によってできたとは理解しなかった。衝突でできた地形には面白い特徴がある。小惑星や彗星の衝突で形成されたクレーターは、極度に鋭角に落下した場合を除き、ほぼ完全な円形の跡を残すのだ。ハーシェルは合理的な思考の持ち主だったから、自然界の地質学的な作用ではこれほど多数の真円が形成されるはずはないと思い込んだ。その幾何学的な規則正しさは頭脳の働きによるもの、つまり知的生命の産物であることを示唆していた。

科学について哲学的にじっくり考える必要はないのだが、ハーシェルの観察と考察は、地球外生命を信じたいという欲求に対する過去からの確かな警告だ。簡単には説明できない何らかの弱点、地質や地形に原因不明の小さな完全性や現象があっても、地球外生命によるものと考えれば、その謎を解明した最初の人物になれる。どんなに優れた人物でも惑わされる。

一般向けのサイエンス本の出版は続き、その著者は科学者の研究を熱心に追った。一九世紀後半にフランスの天文学者カミーユ・フラマリオンが執筆した多数の著作の一つに『生命を宿す世界の複数性（*La Pluralité des mondes habités*）』がある。そのタイトルが示すように、同書は地球外生命が存在するとの立場を支持するものだ。地球外生命が環境にどのように適応するかも詳述し、居住地に基づいて地球外生命の見た目を推定できることを示唆している。一般向けの書籍でも、科学的な考察を本格的に取り入れ始めた。

新聞は事実に基づいて報道するはずだが、一般読者が地球外生命の話題に飛びつくのを目の当たりにした編集者たちが、火に油を注いだ。ニューヨークの『サン』紙は、エディンバラの学術誌で発表された科学的な観察記録を引用したとの触れ込みで、翼の生えた人びととビーバーに似た知的生命が月で発見されたとの大ぼらをふいた詳細な連載記事を掲載した。発見者とされたのは、前述のウィリアム・ハーシェルの息子である天文学者のジョン・ハーシェルだ。この捏造記事は一八三五年八月に連載され、同紙の発行部数を劇的に増やした。当時、『サン』紙は世界一の発行部数を誇る新聞となった。世界各地のほかの新聞もこの「大発見」をそっくりそのままあと追いした。一方、その記事で名前が報じられたかわいそうなハーシェルは、自身の「発見」に関する手紙に悩まされた。捏造記事ではあったかもしれないが、ここまで大々的な作り話の報道は、大衆がそれを受け入れなければやり遂げられない。

これほどの熱狂のなかで、人間社会が従来のやり方をまったく変えなかったのは注目すべきことだ。人類の戦争や蔓延する貧困を見たら、月面人は心が冷めて私たちを無視するのではないかと指摘しようと考える人は誰もいなかった。階級や国家の争いを克服して、知性の進歩と政治的な友愛をめざす共通の精神をもつことが、惑星間で交友関係を結ぼうとする文明にふさわしいかもしれないとの考えを誰も抱くことはなかった。人類が従来のやり方に執着する性質を変えるのは一筋縄ではいかない。

二〇世紀に入っても、本物の地球外生命を見つけたいという熱狂は衰えなかった。一九〇九年には、悪名高い火星人の「運河」を観察したパーシヴァル・ローウェルが著書『生命の居住地としての火星(*Mars as the Abode of Life*)』に、こんなことを書いている。「あらゆる反対意見を加味した結果、運河が人工物であるとの確証に至った。その特異性をより鮮明に浮かび上がらせ、火星の居住可能性に関する全般的な疑いを取り除いた結果である」。ローウェルは、消えつつある火星人の文明が気候の乾燥化に対処する最後の手段として、極地の氷冠から都市まで水を引くために運河を建設したのだと確信した。ローウェルはこれをSFのつもりで発表したわけではなかったが、H・G・ウェルズなど、ほかの人は魅力的なストーリーだと受け取った。ウェルズは地球外生命について人類が抱いている懸念を題材に、今や名作となった『宇宙戦争』（一八九八年）を執筆した。これは火星人と彼らの機械が到来する物語で、火星人はヴィクトリア時代のイングランドを熱線で焼き払ったものの、最後には病原菌に感染して死んでしまう。これはサイエンスとSFが果てしなく互いを高め合った例だ。けしかけ合っているうちに、地球外生命が引き起こした騒動が大衆の心をとらえたのである。

この長い歴史から、私たちが従来の考え方を根本的に変えることなく、地球外生命が送ってきた本物の信号にどのように反応するか、知的な地球外生命にどのような関心を示すのかがわかる。ひょっとしたら人間のありようというのは、あまりにも利己的なのかもしれない。月面人の冷たい視線を浴びても、人類は少しも成長しなかった。

長年にわたる楽観主義、推測、憶測が終わりを迎えるのは、二〇世紀後半になってからだった。宇宙時代に突入し、人類はようやく無人探査機を宇宙へ送り込んで、惑星を間近で観察できるようになった。そして、音楽をつくる金星人のいない不毛の大地、閘門（こうもん）や曳舟道といった構造物がない火星の運河、陽光の降り注ぐ荒涼とした月面のクレーターに月面人の姿がまったくない光景を目の当たりにした。地球外生命の文明を信じた時代は終わったのだ。

月面人の存在が否定されても、興味深い発想の転換があり、地球外生命の文明が遠い昔に失われたとの説がさりげなく受け入れられた。確実に存在すると信じていたあらゆる文明が、人類のわずかな想像力によって消え去ったのだ。だが、それを嘆く声はなかった。期待外れの声はあったに違いない。ニール・アームストロングとバズ・オルドリンが月面人に呼び止められたスナップ写真を見たら、誰もが興奮したのではないか？　二人は月の入国管理官と警察犬とのやり取りをどんなふうに語っただろう。こんなことは何も起きなかったとはいえ、私たちの文明が太陽系で唯一の文明であることを知って虚無感にさいなまれ、内省的な沈黙に陥ることはなかった。何事もなかったかのように、以前と同じことを続けたのだ。

この宇宙の片隅で今のところ地球が生命を宿す唯一の惑星であることを確認したあとも、人類は宇宙のほかの場所に生命が存在する可能性への興味を失うことはなかった。新たな発見が、地球外生命の探索と熱狂に再び火をつけたのだ。火星で生命が生存可能な条件が発見されたこと、そして、木星と土星の衛星を覆う硬い氷の下に海が発見されたことはどうなのか？　ほかの恒星を周回する岩石惑星のなかに地球に似た惑星がある可能性が浮上し、地球外生命が存在するとの楽観論が再び登場した。月面人に熱狂した時代に決して戻ることはないが、太陽系で地球外の微生物を探索したり、はるか遠くの惑星系で知的生命を探し求めたりすることはできる。

人類と同等あるいは人類より優れた頭脳の持ち主とのコミュニケーションはどのような影響をもたらすのか、あるいは、火星で一匹でも原始的な虫が発見されたらどうするか、といった会話が再び繰り広げられてきた。ワークショップや会議が開かれ、昔の思索家よりも専門的に、地球外生命との接触が社会や政治に与える影響について議論されている。国連でさえも地球外生命に関心を示している。こうした動きが目新しいと思うとしたら、それは、人類がコミュニケーション可能な文明が宇宙に複数存在すると長年信じきっていたことを忘れているからだ。

私たちが想像した月面人は私たちの社会や考え方にたいした足跡を残さなかった。書籍や仮説はたくさん出たが、今では情報を伝えるものというより、楽しませてくれるものとなった。この歴史を振り返り、なぜ人類はやがて起きるかもしれない遭遇に向けて成長しなかったのだろうかと、苦々しく思う読者もいるかもしれない。しかし、人類の進歩あるいは態度に目立った影響がなかったことは、多少ほっとする材料の一つかもしれない。人類はたくさんの政治家や社会科学者がいなくても、地球外生命との遭遇に備えられるかもしれないということだからだ。

地球外生命と人類が直接言葉を交わすことがあるとしたら、その地球外生命は、かつて生き物が月面に城壁を築いたと思っていた生物から冷たい扱いを受けることになるだろう。私たちは彼らを何とも思わないかもしれない。数カ月はメディアが騒ぎ、優れた論説も出るだろうが、その後はそっぽを向いて、いつもどおりの暮らしを続けることも考えられる。地球外生命が私たちのもとを訪れ、私がいるタクシーに乗ったとしたら、ドライバーははるか彼方の宇宙域から届いた最新ニュースより、料金を支払ってくれるかどうかを気にするだろう。彼らががっかりしなければいいが。

1938 年、H. G. ウェルズの『宇宙戦争』がラジオドラマとして放送され、宇宙人の攻撃を恐れたリスナーがパニックに陥ったあと、出演者のオーソン・ウェルズが記者の取材を受ける。

レスター駅から、イギリスの国立宇宙センターがあるエクスプロレーション通りまで乗ったタクシーのなかで。

第3章　火星人が攻めてくるか心配すべき？

タクシーが駅の駐車場を出たとき、正直に言うと、これから出席する会合についてあまりしっかりと考えておらず、車内で考えようと思っていた。私は国立宇宙センターという素敵な博物館で、宇宙生物学の教育について話すことになっていた。しかし、ここ数日間は多忙な日々を送っていた。タクシーに乗っている時間は少し計画を練る機会だったから、政治的な話をする気分ではなかった。しかし、時には政治的な話題を振られることもある。ドライバーに目的地を告げるとすぐ、話しかけられた。

「あなたに文句を言うわけじゃないが、宇宙ってのは金持ちのためのもんじゃないか？」とドライバーは聞いてきた。「俺は行くつもりはないし、貧しい人間は行かない。何の意味があるんだ？」

私は彼をなだめようとした。「金持ちは確かに宇宙へ行くお金をもっているが、宇宙は金持ちだけのための場所じゃない。金持ちも貧乏人も、みんなに役立つことが宇宙にはたくさんあるんだ。携帯電話の通信や天気予報に使われる人工衛星とかね。そうした人工衛星は日常生活に役立つだけじゃなく、驚くような未知の何かを見つけるかもしれない。宇宙で生命を探すって聞いたら、わくわくしないかい？」

「生命探しなんて興味ないよ。そいつがここに来ない限りな」とドライバーは言った。

　私はその答えに戸惑い、少し間を置いてから、こう質問した。「それってどういう意味？　宇宙の生命がここに来てほしくないっていうこと？」　ドライバーはいらついているようだった。薄毛で大柄、青いコートを着た彼はハンドルに覆いかぶさるような姿勢で、ハンドルをぎゅっと握っている。

「生活ってのは自分で営むもんだ。やつらが俺たちに似ているとしたら、俺たちと戦いに来るかもしれない。だとしたら、来てほしくない。だが、そうじゃないとしたら、好きにすればいい。レスターに来ない限りな。レスターはそんなに悪くない場所だろ？　生活は自分で送るもんだ。結局は棺桶に入るんだからな。世界のほかの場所で起きていることにはまったく興味はない。金持ちは火星に行ったらいいし、そこに微生物がいたとしたら、それで結構。俺は生まれてこの方ここに住んでるんだから。暮らしが順調なら、それでいいんだ。レスターの問題は火星人じゃなく、ほかの大部分の人が働ける場所がないことだ。実際、明らかに仕事の数が足りない」

　金持ち対貧乏人という型にはまった見方で地球外生命、あるいは純粋な科学に対して疑問を投げかける人に会うと、熟考や実験を行なう特権を与えられた私たち科学者は、いささか残念な気持ちになる。これは、科学者の内輪の関心事と、どうにかやり繰りして生活している一般の人びととのあいだにある溝だ。

　地球外生命の到来がありうると考えられていた時代に、人びとが経済や政治について同じ懸念を抱かなかったのは面白い。アリストテレスは、地球は特別であり、人類のような生物は宇宙のほかの場所には存在しえないと言い切ったが、前章で見てきたように、ほかの人びとは正反対の考えをもっていた。長年、宗教に対して寛容な時代であっても、神は決して休まないと多くの人が信じていた。自然は空虚を忌み嫌うと言われ、賢明なる神の手で空いた空間が最大限に活用され、宇宙全体は知的な存在で満たされているはずだと考えられた。それから何世紀にもわたり、宇宙におびただしい数の生命が存在することは当たり前のように思われていたのに、地球外生命が到来して人類の仕事を奪うといった憶測はなかったように見えるのは興味深い。なぜそうなのか。私が思うに、当時はほかの惑星に移動できるような工学技術を想像もできなかったからではないか。そのような離れ業を予期できる知識が何もなければ、他者がそうするだろうと想像することはできない。もともと、私たちはそれぞれの惑星にとどまり、生命であふれた宇宙を眺めることはするが、ほかの惑星を訪れることなどないと考えていただろう。地球外の知的生命が詳しくはどのような手段で地球に到来するのか、そもそも現実的に到来できるのかといった考えは科学的な視野のはるか外にあった。その結果、地球外生命が地球にやって来るという懸念は生じなかったのだ。

　地球外生命に関する私たちの考えは、未知の存在に対する恐怖、つまり「他者」に対する不安としばしば混ざり合う。一九世紀に入り、人類が惑星間の空間を移動できる可能性をようやく思い描けるようになると、まもなくこの新たな可能性から大惨事を想像する者が現れた。H・G・ウェルズの描いた火星人の機械は、地球人対火星人の初めての戦争を引き起こした。ウェルズの描いた破壊の世界は、多くの人がひょっとしたら本能的に抱いている他者への恐怖を利用している。これを考えると、レスターのタクシードライバーが宇宙人によってイギリスが滅亡する可能性よりも、宇宙人による職探しのことを心配しているのは、じつは驚きだった。

レスターの住民がどのような懸念を抱いていても、私たちがまだ地球外生命の存在を確認していないという事実は変わらない。地球外生命に熱狂した先人たちとは異なり、地球にある程度似た惑星が宇宙にたくさんありそうだということを知っているにもかかわらずだ。過去三〇年で、ほかの恒星のまわりを周回する惑星が数多く発見され、この科学の最前線の分野で新発見が相次いできた。こうしたいわゆる系外惑星は生命を宿す可能性を秘めていることがわかってきた。もちろん、すべての惑星というわけではない。大部分の惑星は地球とは似ても似つかず、生命を宿す可能性はほとんどないように思える。なかには、巨大ガス惑星である木星の一〇倍も大きい惑星もあれば、恒星のすぐ近くに位置するために公転周期がわずか数日しかなく、灼熱の光線を浴び続けている惑星もある。地球に少し似た岩石惑星があっても、深い海に覆われていたりする。とはいえ、地球に似た惑星もおそらくあるだろう。

知的生命が存在する惑星があったとしても、これまでに彼らとの接触はない。地球外生命が謎の沈黙を保っているように思えるのは興味深い。この奇妙な静寂はよく、物理学者のエンリコ・フェルミにちなんで「フェルミのパラドックス」とよばれる。この広大な宇宙に膨大な数の惑星があり、なかには地球より古い惑星もあるのに、知的な地球外生命が存在する証拠が何も見つかっていないのは、いったいどういうことなのか？　フェルミのパラドックスについて書かれた本はたくさんあり、地球外生命が見つからない理由の解説に乗り出した科学者は大勢いる。彼らは私たちのことを観察しているが、接触したいとは思っていないのかもしれないし、すでに地球に入ってきているが、私たちが気づいていないだけかもしれない。彼らは宇宙のどこかにいるが、地球と彼らの惑星を隔てる果てしない距離を移動できないのかもしれない。あるいは、生命自体が希少な存在である可能性もある。銀河の旅を思いつける生命が宇宙にあまりにも少ないために、銀河系にはそのような生命が地球以外に存在しないのかもしれない。

レスター郊外を走るタクシーの車内から外を眺めていると、一瞬、子どもの頃に見た『宇宙戦争』で火星人の戦闘機械が家々の前に立ちはだかり、熱線を浴びせる相手を探している光景を思い出した。レスターが火星人襲来の侵入口となり、変な声を出すタコ足の生き物の凶暴な計画を阻止しようと、怒り狂ったタクシードライバーの集団が職業安定所の地方支所への入り口を塞いでいる場面が思い浮かんだ。でも、そんな必要はある？

「宇宙人がレスターに来るっていう心配はしなくていいと思うよ」と私は安心させるように言った。「つまり、彼らが来ても、その目的を隠しているとしたら、彼らはレスターにそれほど興味がないように見えるか、少なくとも自分たちの興味を隠そうとしているように見える。彼らが宇宙に存在するけど、何か問題があってここまで来られないとしたら、来年彼らがここに来て居を定めるという幸運な重大事件でも起きない限り、おそらく彼らが差し迫った問題になることはないと思っていいんじゃないかな」。私はひと息ついてから続けた。「それより、宇宙全体で生命が希少な存在だとしたら、私たちが孤立していることについてもっと心配すべきかもしれないよ。宇宙での孤独は宇宙人の侵攻よりもレスターの命運を左右することだと思う」

もちろん、タクシードライバーが心配無用である理由には、もっと平凡なものがたくさんある。宇宙人が到来してその存在を明かしたとしても、彼らは私たちの仕事に興味をもつだろうか？　そんなことはまずないように思える。恒星と恒星を隔てる途方もない距離を移動できるのなら、私たちから得たいものなどたいしてないだろう。彼らは稼いだお金で何をするのか？　食べ物を買うとか？　彼らが何を食べるのかは知らないが、おそらく自分たちの食料を持ってきているのではないか？　たとえ腹をすかしているとしても、地球の生物圏に口に合うものがあるかどうかはわからない。大半の人は外国に行ったとき、現地の食べ物に慣れる必要がある。異星の生物をがつがつ食べるというのは賢明な判断ではないかもしれない。宇宙人の生化学的な特徴が私たちと異なるとすれば、地球の食物の大半は彼らの役に立たないかもしれない。食物のほかに、宇宙人は宇宙船の修理に手を貸してほしいと思うかもしれないし、その燃料となる資源を求めるかもしれないが、そうした必要性を満たすために職業安定所の列に並ぶとは思えない。素直に助けを求めるか、資源を奪い取るだろう。

だから、タクシードライバーがレスターの求人市場について心配する必要はないだろう。もちろん、宇宙人がすでに私たちの世界に紛れ込んでいなければの話だが。しかし、その心配もない。誘拐事件やＵＦＯの目撃情報など、宇宙人の到来を示すとされるさまざまな現象は、往々にして証拠としてはひどいものだ。宇宙人の存在を示す逸話やぼやけた映像をもとにした本やテレビ番組はいくつもあるが、そうした主張を信じられる確かな理由はない。ＵＦＯ探しは何十年も行なわれてきたのに、査読付きのそれなりの学術誌に載せられるだけのデータはいまだに集まっていないのが現実だ。宇宙人の存在をどれだけ楽観視している人でも、この現状を考えれば気づくに違いない。にもかかわらず、宇宙人がすでに地球を訪れていて、社会のなかで活動している、そして「政府」はそれを知っているのに隠していると、私たちに信じ込ませたい人びとがいる。言葉を返すようで恐縮だが、政府は目が覚めるような偉業を成し遂げることができるし、隠し事をしていることもよくわかってはいるが、宇宙人とその宇宙船を何年ものあいだ隠し通すことは、なかなか難しい。官僚にできることは限られているのだ。

宇宙からの侵略者に対する不安をある程度和らげることはできたが、もっと小さな存在を心配する必要はないだろうか？　ドライバーは私の話にうなずいて励まされたようだから、私はやり方を変えて微生物の話題に移ることにした。彼のしぐさから前向きな気持ちを感じ取ったから、細菌のことを話す心構えはできているようだ。

「人間サイズの宇宙人からの脅威がなくても、それより小さな生命体、つまり微生物が私たちの社会を無茶苦茶にするかもしれないって思うんだが」と私は水を向けた。

「確かにそのとおりだ」と彼は話に乗ってきた。「院内感染とか新型の病気とかが、大きな問題になってるからな」

「宇宙から来た微生物について心配すべきだと思うかい？　つまり、知的な宇宙人ではなく、微生物が大混乱を引き起こすってことさ」

「それは絶対にある」。彼の口調には信念の強さが表れていた。「微生物はここに来てほしくないし、そいつらから身を守らないと。知的なやつらと同じぐらい心配だ」

黒死病を引き起こすペスト菌、最近ではコロナウイルスなどの病原体がもたらす厄災を見れば、どれだけテクノロジーが発達しても、三五億年にわたって地球を支配してきた微小な生物から身を守れるわけではないと思い知らされる。この惑星でともに暮らすちっぽけな生命体——さまざまな面で私たちの進化の仲間である生物——のことをほとんど信頼できないのだとすれば、タクシードライバーの仕事を探す知的生命ではなく、微生物が宇宙から地球に到来したら、私たちにどんな運命が待ち受けているだろうか？　H・G・ウェルズが『宇宙戦争』で火星人の侵攻を終わらせる際に目を向けたのは、微生物だった。病原菌が火星人もろとも巨大な戦闘機械を倒したのだ。それならば、宇宙から到来した微生物が私たち人類に同じ結果をもたらさないとも限らないのではないか。

こんなことを書いていたら、私が臆面もなく自由気ままに空想の翼を広げているとお考えの読者がいても当然かもしれない。でも、宇宙から職探しに来る知的生命とは違い、地球外の微生物は宇宙探査機関から熱い視線を浴びている。宇宙空間を漂う岩石から収集したサンプルに混じり、微生物が誤って持ち込まれたら地球が汚染されることになると、研究者や学者が真剣に懸念しているのだ。この想像力豊かな活動は「惑星保護」という魅力的な用語で呼ばれている。ＮＡＳＡには惑星保護官がいるし、欧州宇宙機関には惑星保護ワーキンググループが設置されている。

惑星保護官のもともとの目的は、私たち人類によるほかの惑星の汚染を防ぐことであり、それは今も変わらない。ここで懸念されているのは、地球外生命の健康というより、科学的な厳密さや研究効率への影響だ。何十億ドルもつぎ込んで火星の生命を探しにいったのに、発見したのは人類が地球から持ち込んだ生命だった、という事態を避けなければならないからである。宇宙船に潜んでほかの惑星に到達した微生物が、その生命検出装置に引っかかるとか、ほかの惑星の表面に棲みついてほかの検出装置で見つかるというのは、時間と資金のとんでもない無駄遣いでしかない。惑星保護はこうした問題を最小限に抑えるためであると考えられていた。現在では、惑星保護は国際宇宙空間研究委員会によって監督されている。同委員会は法律を制定するわけではないが、規則を定め、それを各国の宇宙機関が共通の合意のもとに順守する。

地球の微生物がほかの惑星を汚染しないようにする作業は、生易しいものではない。一九七〇年代、NASAは火星探査機「バイキング」を打ち上げるに当たり、地球の生命が生命検出装置で検出されるのを防ぐため、まるで七面鳥でも焼くように、バイキングの着陸機を一一一℃の熱に四〇時間もさらした。現在では、さらに高度な電子機器が宇宙船に使われているため、汚染を防ぐ対策は以前より難しくなったものの、独創性豊かな科学者たちが微生物を死滅させるためのさまざまな手法を利用している。コールドプラズマ技術や有毒な過酸化水素を使えば、微生物を死滅させて表面の汚染を取り除き、宇宙船に乗っている微生物の数や、地球の生命によるほかの惑星の汚染（フォワード・コンタミネーション）を最小限に抑えることができる。

近年、フォワード・コンタミネーションに関する懸念は倫理的な色合いを強めてきた。科学者は実験の質を最大限に高めるだけでなく、地球外の生物圏を損なう可能性を最小限にしようとしている。太陽系にほかの生物圏が存在することはわかっていないものの、存在する可能性を現時点で排除することはできない。したがって、私たちは慎重に宇宙探査を進め、地球の生命を太陽系全域にまき散らさないための対策をとるべきだ。宇宙機関がほかの惑星全体の生態系をうっかり破壊することは、無作法であり、恥ずべきことであると一般に考えられている。

レスターのタクシードライバーが失業と同じぐらい心配していたように見えたのは、この問題のもう一つの側面である。惑星保護の世界では、これを「バックワード・コンタミネーション」と呼ぶ。地球外生命が地球に到来して野放しになることだ。NASAはこの問題についてアポロ計画の頃から考慮してきた。宇宙飛行士が地球に持ち帰った岩石サンプルに微生物が含まれている可能性があると、同局の科学者が気づいたのだ。最近では、人間ではなく無人探査機がはるか遠くの天体を訪れ、その表面からサンプルを採取し、地球に持ち帰るようになった。こうした調査の主な目的は、その岩石のなかや表面、あるいは近くに生命がいた痕跡があるかどうかを探ることだ。だから、微生物そのもの、あるいはその証拠が発見されたら大騒ぎになるだろう。科学者たちは目下、火星にかつて生命が存在していたかどうかを調べるために、火星のサンプルをどのように採取するかを探っている。今後数十年のあいだには、さらに多くのサンプルが小惑星や彗星で採取され、地球に到着することだろう。すでに保管庫には過去の探査による成果が眠っている。これまでに探査車や宇宙飛行士が採取した月のサンプル、各国の宇宙機関が採取した彗星や小惑星の岩石などだ。

これまでにサンプルが採取された天体のなかで、生命と認識された証拠が見つかったものはない。だから、たいていの研究者や宇宙機関は地球がこれまでに何らかの危険にさらされたとは考えていない。今ある懸念は予防原則に根ざしたものだ。人類が宇宙から採取したサンプルに生命が存在するとはまず考えられないものの、地球外の微生物をひとたび地球の生物圏に持ち込めば甚大な被害が出るおそれがあるから、慎重に行動すべきだという考え方である。だから、宇宙機関が地球外で採取したサンプルを無菌の施設で取り扱い、外の環境に何も漏れ出さないよう細心の注意を払って密閉しているのもうなずける。地球外のサンプルを研究しようと思ったら、その目的のために設計された施設でプロジェクトを進めなければならない。

でも、どんな危険があるのか？　本当に心配すべきことなのか？　おそらくそんなことはないだろう。人類は地球に出現して以来、病気を引き起こす細菌やウイルスとともに暮らしてきた。こうした病原体は人類とともに進化し、長年にわたって私たちといっしょに発達してきた。その間、人類の免疫系は病原体の変化に対応するように努め、病気から身を守ってきた。あなたの体は日々外から飲み込んだり吸い込んだりする無数の粒子を見つけ出して退治するための精巧な機構を備えているのだ。免疫系をすり抜けて悪さをするのは、ごく一部の特別な細菌やウイルスに限られる。風邪のウイルスは毎年変異して、新たな種類の咳や症状を引き起こす。このことは、免疫系を出し抜こうとするウイルスと私たちの体が終わりなき闘いを繰り広げていることの証拠だ。ヒトの免疫系が築き上げた砦は何百万年もの進化の結果である。出現するすべてのウイルスや細菌があなたの体に難なく居着いてしまったら、はかない人生を送ることになるだろうから、免疫系の進化はありがたい。ヒトの生化学的な機構はこうした絶え間ない攻撃に反応する非常に優れた能力を備えているので、遠くの惑星から入り込んできた地球外の細菌やそのほかの生命体からも、おそらく身を守れるだろう。あなたの体は外来の粒子を検出し、おそらく撃退できるだろう。地球外から持ち帰ったサンプルに微小な地球外生命が含まれていたとしても、それがパンデミックを引き起こす可能性はきわめて小さい。レスター市民はぐっすり眠れる。

とはいえ、ちょっと見過ごせないような事態も考えられる。火星の永久凍土に微生物が棲んでいて、栄養分が乏しい荒涼とした極限環境でどうにか生き延びているとしよう。その飢えた微生物を採取した宇宙船が、地球に向かっている途中で本来の進路を外れ、地球の極地に落下してしまった。そのとき宇宙船から微生物が解き放たれたのは北極だ。ふるさとと同じく寒冷で、しかも栄養分はたっぷりある。火星よりも成長に適した環境だ。微生物は増殖することができ、北極にもともといた微生物を追い出して、私たちの惑星の生態系に定着するかもしれない。この筋道は、地球外の微生物が感染症の流行を引き起こす事態より起こる可能性が高い。侵入者は宿主となる生物を必要としないので、その生物に追い出されたり退治されたりすることもないからだ。北極に落下した微生物は、適した環境さえあれば、棲みついて増殖できる。

この悪夢のような事態が起こりうると知っても、夜に眠れなくなるほど心配する必要はない。まず、地球外の微生物を宿すサンプルを採取する可能性自体がきわめて低い。しかし、議論のために、そうしたサンプルを採取したとしよう。その場合でも、微生物が増殖できる地球上の場所そのものに宇宙船が落下し、しかも落下の際に微生物を死滅させない可能性もまた、きわめて低いのだ。たとえ起こりえないとしても、予防原則に立ち戻り、そうした事態が起こる可能性を最小限に抑える責任が、私たちには依然として残る。地球の生態系の一部が不注意な宇宙探査ミッションによって破壊された理由を、タクシードライバーに説明したい人はいない。それだけでも、宇宙から持ち帰ったサンプルを徹底的に調べ尽くすまで危険物として扱う十分な理由になる。

私はドライバーの不安を和らげることができただろうか。タクシーが目的地に着いても、それが気になって、役割を果たした気がしなかった。「今は火星人についてどう思っている?」と私は尋ねた。

「まだレスターには来てほしくないな」と彼はぶっきらぼうに答えた。「だが、いずれにしろやつらが来るようには思えねえけど」

レスターのタクシードライバーは火星人襲来の脅威にさらされていないし、それはあなたも同じだ。とはいえ、太陽系に何らかの生命が存在するかどうか、そして、ほかの恒星を周回するはるか遠くの惑星に生命が存在するかどうかが魅力的な疑問であることは変わらない。存在するとしても、地球外生命が地球に暮らす人びとの日常生活を侵害することはないかもしれないが、存在するかどうかという疑問は私たち誰もが考える事柄だ。地球外生命の探索が続いても、地球外生命が人類の仕事を奪うかどうかを気にする必要はない。しかし、私たちは先入観を捨て、ある程度の注意深さをもって探索に当たるべきだ。未知のフロンティアの探検にはその姿勢が役に立つ。

環境保護主義と宇宙探査は切り離して考えるべき問題なのか？　それとも、切り離せないない関係にあるのだろうか？　写真は、国際宇宙ステーションから地球を見つめるアメリカ人宇宙飛行士のトレイシー・コールドウェル・ダイソン。

ヒースロー空港発のアメリカ行きの飛行機に搭乗するため、パディントン駅まで乗ったタクシーのなかで。

第4章　宇宙を探査する前に地球の問題を解決すべき？

大勢の人びとであふれたロンドンの通りを走りながら、車窓の向こうでせわしなく止まったり歩き始めたりする人びとを眺めていた。彼らは車をよけながら、押し寄せる自動車や自転車、オートバイが止まってくれないかと、ダッシュする隙をうかがって目を凝らしていた。道路の向こうに渡るという単純で短時間の行動に、ものすごい集中力を使っている。

どうやらタクシーのドライバーが私の気持ちを察したようだ。「外はむちゃくちゃだね」と彼は言い、自分のバンパーに買い物袋が当たった音を聞いて、いらついた声を上げた。

「本当だね。みんな自分のことで精一杯だ。解決しなくちゃいけない問題がたくさんあるのに、時間がない」

「今日はどんな用事で？」と彼は尋ねてきた。インド訛りが強い。ドライバーは若くて用心深い。この仕事を始めて日が浅いのかもしれない。おしゃれなボタンダウンのシャツを着て、開いた窓から片腕を垂らしている。

私は空港に行くところだと告げた。ほかの何人かとともにＮＡＳＡのワークショップに招かれ、外太陽系に位置する極寒の衛星で生命を探査することについて話し合う。地球上の氷で閉ざされた不毛の地に存在する生命についてわかっていることを議論し、その後、宇宙の極寒の地で生命を探すうえでＮＡＳＡが直面する主な課題を考察する。凍てついた海の奥深くに生命が潜んでいるのだとしたら、それをどのように探知すればいいのか？　探知できたとしても、岩石のように硬い氷のサンプルをどのように採取し、はるか遠くの地球まで持ち帰るのか？

「へえ、僕はそういう話が大好きだよ」とドライバーが話に乗ってきた。「テレビでも見たことがある。宇宙探査とかそういうやつだよね。どうしても気になっちゃうんだよな。でも、ここにもたくさん問題がある。そうした問題をまず解決しないと」

私は再び窓の外を見た。ストレスを抱えた急ぎ足の歩行者たちは、木星の衛星をどれだけ遠くに感じているのか？　きっと別世界の話に違いない。車が割り込んでくると、ドライバーはクラクションを鳴らした。

「確かにそうだ」と私は言った。「地球にはたくさん問題がある。それは間違いない。でもそれは、宇宙を夢見たり、ほかの惑星を訪れたりすべきではないということなのかな？　私たちみんなが地球で抱えている難題の答えが見つかるかもしれないのに」

ドライバーは間髪入れずに言った。「そのとおりだと思う。それは同意見だよ。常に交通状況のことを考えているわけにはいかないし、宇宙は僕たちの心を奪って、日常の心配事を忘れさせてくれるよね。僕たちの問題をいくつか解決できるかもしれない。地球の問題も、宇宙を探査することで解決できるかもね」

彼の言葉は的を射ていた。多くの人は彼が当初言っていたような考え方、つまり、宇宙を探査する前に地球の問題を解決すべきだという考え方をもつ傾向にある。それだけでなく、環境破壊などの地球の問題への対処と宇宙探査ミッションは正反対の取組みであり、一方がもう一方の価値を損なっているとさえ考える人もいる。私が乗ったタクシーのドライバーは考えた末に、問題の核心にある何かをつかんだのだと思う。宇宙探査と地球の問題の解決は互いに役立っているということだ。

私たちの故郷の惑星を気にかけるべきだという意見には強く同意する。八〇億人を超す人間と資源の大量消費が地球にどれだけ負担をかけているか。その甚だしい例を目にしない日はないと言っていいだろう。直径一万三〇〇〇キロほどしかない岩石の球の表面に、これだけ膨大な数の人間がひしめいているのだ。地質学的に見れば短い期間に、手に負えないほど膨大な量のプラスチックごみを排出し、資源を使い果たして、生き物たちの傷つきやすい環境を破壊してしまった。

私たちが吸い込んでいる大気でさえ薄く、変わりやすく、限りある存在だ。大気がどれほどたやすく変わりうるかを理解するのは難しいかもしれない。地球の大気の大部分は厚さたった一〇キロの範囲に収まっている。車に乗って時速四〇キロの安全運転で空をめざして登っていけたとしたら、大気の最も厚い場所でも一五分ほどで通り過ぎてしまう。これほど短い時間では、エディンバラやマンハッタンの市内さえ車で抜けられない。大気は地球の表面を薄く覆っているだけの繊細な存在だ。そのはかない性質をいったん理解すれば、私たちがガスを排出することで大気の組成をいかに変えうるかを理解するのはそれほど難しくない。二酸化炭素濃度の上昇は、人間の巨大産業でなくても、数百年の汚染によって引き起こされる。

だから、多くの人が膨大な資金や人材をつぎ込んで宇宙に行き、研究活動だけでなく、火星や月に居住地を築くという考えに後ろ向きなのも当然のことだ。気候危機の時代に、宇宙探査にお金を使うことを本当に正当化できるのか？

こうした考え方は十分に理解できるのだが、一つ肝心な点が議論から抜けている。地球に関する多くの知識が宇宙探査によってもたらされたということだ。実際、気候変動に関する科学的な知識自体が、近隣の惑星、具体的には金星を研究することによって大幅に向上した。金星は恐ろしい雲に包まれた地獄のような惑星で、深い謎にも包まれている。人びとはかつて、地球よりも太陽に近い金星は湿地に覆われ、より温暖な気候に適応した生物が存在すると想像していた。しかし、人びとが憶測ではなく科学的思考に基づいて判断するようになると、金星はあまりにも暑すぎて生命が存在できないことがわかってきた。四五〇℃を超える灼熱の表面では何も生き延びることができない。しかし、金星が太陽に近いとはいえ、この温度は太陽までの距離から推定される温度よりはるかに高い。なぜここまで極端な高温になるのか？　その答えがようやく明らかになり始めたのは、およそ六〇年前だ。原因は金星の大気にあった。大気は二酸化炭素濃度がきわめて高いため、太陽から受けた熱を宇宙へ放射せずに閉じ込めてしまう。そのため、金星の表面は液体の水が存在できないほどの温度まで上昇した。金星は温室の惑星だ。天文学者、生物学者、気候学者、そして広い意味では人類すべてが、惑星の大気に大量の二酸化炭素を放出した場合に何が起きるかを、金星から学ぶことができる。

地球上で産業界が二酸化炭素を排出し続けたとしても、金星ほど多くの二酸化炭素を生成することはないだろう。しかし、この温室効果ガスによって私たちの惑星が熱せられるメカニズムは金星とまったく同じだ。私たちは太陽系のほかの惑星を観察して初めて、温室効果が惑星全体の条件をどのように形成するのか、惑星の表面温度が太陽光線を浴びただけでは到達しえないほど上昇するのはなぜなのかを理解することができた。

ここで心にとめておきたいのは、地球は宇宙の片隅で孤立した小さな惑星ではないということだ。地球は太陽系という広大な環境のなかに存在している。この広漠とした舞台のなかで、私たちの歴史は決定され、その未来も定められている。宇宙という果てしない空間を探査することによって、私たち自身を守るために必要となりそうな知識を増やしていくのだ。

宇宙探査が地球の環境を破壊しない方法を教えてくれるのだとすれば、宇宙の脅威から身を守るためにも宇宙探査を役立てることができる。それが、タクシーの車内で次の話題となった。小惑星とその危険についてだ。

地球には宇宙から飛来した小惑星や隕石が周期的に衝突する。それらは、太陽系が形成された頃の激動の時代を物語る名残だ。そうした岩石のかけらがミツバチの群れのように地上に次々と落ちてくる。なかでも地球近傍小惑星と呼ばれる天体は、太陽のまわりを無限に周回している地球の軌道と交わる可能性がある。そうした天体が大きければ、地球に壊滅的な事態をもたらしかねない。これは理論上の懸念というだけではない。六六〇〇万年前に地球に衝突した小惑星が、長きにわたって地球を支配していた恐竜を絶滅させたという劇的な出来事は、ほんの一例でしかないのだ。それよりはるかに小さな小惑星も衝突の痕跡を残している。アメリカ・アリゾナ州フラッグスタッフ郊外の砂漠には、直径一キロの広大な穴がある。まるで巨人が巨大なアイスクリームディッシャーで砂をすくい上げたかのようだ。これはおよそ五万年前に小さな岩片が地表に落下したときにできたクレーターだ。その衝撃波で木々は倒れてばらばらになり、ここから何百キロも離れた場所にいた生物さえ全滅しただろう。

こうした場所は地球全域にあるが、ひと目でわからないこともある。南アフリカのブッシュフェルトという乾燥地帯にあるのもその一つだが、今では塩湖となっていて、その周囲の斜面は青々とした低木に彩られている。一見、地球に無数にある美しい景観の一つなのだが、それは宇宙から飛来した岩石による破壊の痕跡をとどめているのだ。こうした衝突イベントは何かしら異星の出来事のように感じるし、それが残したクレーターは原始の時代の痕跡のように思える。しかし、小惑星の衝突は決して終わったわけではない。ブッシュフェルトやフラッグスタッフのクレーターを形成した規模の衝突は、およそ数千年に一回起きている。アリゾナや南アフリカに落下したような岩石が現代の都市に落ちたら、何百万人もの人びとの命が一瞬にして奪われるだろう。

こうした出来事を単に無視するというやり方もあるが、それは決して賢明とはいえない。恐竜が絶滅した例からも小惑星衝突の脅威は明らかなように、私たちは宇宙と切っても切れないつながりをもっていることに気づき、行動すべきだ。小惑星が地球に衝突する頻度はどれくらいなのか、そして人類が衝突の脅威にさらされているのかどうかを予測するには、小惑星の地図をつくらなければならない。それには望遠鏡が必要だ。地上から小惑星を探すこともできるが、宇宙望遠鏡を使うほうがはるかに見つけやすい。地上から観測すると大気でゆがみが生じるという制限があるが、宇宙から観測すればその心配はなく、星空を走査することができる。小惑星の軌道と速度に加え、その組成を知ることも有益だ。その情報から、衝突でもたらされる被害の程度を推定することができる。大気圏を猛スピードで落下するあいだにばらばらになるのか、それとも地上まで壊れずに衝突するのか？　こうした疑問の答えを知るためには、宇宙船を小惑星まで送り込み、その場で岩石を調べる方法と、岩石を採取して地球まで持ち帰る方法がある。

以上のような議論から、私たちの文明が壊滅的な終末を迎えるのを防ぎたいと思ったら、宇宙探査をするしかない。地球に被害をもたらしそうな危険な天体を調べなければならないし、それには宇宙計画が必要だ。危険な小惑星が地球に衝突する軌道にあるとわかった場合、最悪の事態を避けるために、さまざまな優れた工学技術が必要になる。それこそが、ＮＡＳＡのＤＡＲＴ（二重小惑星進路変更実験）ミッションの目的だ。ＤＡＲＴの宇宙船は重さ五〇〇キロで、小惑星ディディモスを公転するさらに小さな小惑星ディモルフォスに衝突させる目的で、二〇二一年に打ち上げられた。この衝突でディモルフォスの公転軌道が変わることが期待される。軌道の小さな変化は地球から測定することができ、小惑星の軌道を変える技術の原理を実証する。このミッションを見くびってはいけない。これは地球上の生物が三五億年もの進化の末に初めて、みずからの種の絶滅を防ぐという明確な目的をもって実験した技術だからだ。時の彼方から時代を超えて、無数の恐竜が私たちに行動を促したのである。

こうしたかなり恐ろしい事実をいくつかドライバーに話すと、彼は夢中になって聞いていたが、不安な表情も見せた。おそらく、その日の朝に家を出たときには、小惑星の衝突の話を聞くとは思っていなかったのだろう。とはいえ、納得はしたようだ。その後、彼は人間の限られた時間や労力に優先順位をつけるときに、誰もが難題だと感じる点をずばりと突いてきた。

「言いたいことはよくわかるよ。でも、お客さんを乗せてロンドンをあちこち運転しているとき、小惑星のことなんて考えもしないよね」。確かに、私はずうずうしくも真っ昼間からそんなことを考えて過ごしてきたのだが、そのときほかの人たちはまともな仕事をしている。もちろん、彼の言い分は正しい。私たちは一生宇宙のことを考えて過ごすわけにはいかない。買い物や家の掃除、そしてもちろん自分の仕事など、ほかにやることがあるのだ。だが、私たちは宇宙についてじっくり考える時間も見つけるべきだと思う。そうすることで、人間のありようをより広い視点で見つめることができるからだ。これは言いたいことを伝えるには抽象的な方法だが、人類と宇宙のほかの場所との関係は好奇心の源であるべきだから、ふさわしいやり方ではある。とはいえ、その関係は私たちの未来にきわめて具体的な影響をもたらす。

地球と私たちが暮らす宇宙のあいだに切り離せない関係があることをドライバーに理解してもらいたかったので、環境保護の専門家が一九七〇年代に考案した言葉を持ち出した。「宇宙船地球号」だ。この言葉に込められているのは、単純な真実である。地球というのは巨大な宇宙船であり、秒速三〇キロで太陽のまわりを公転している。太陽自体は秒速二〇〇キロで銀河系を公転している。恒星と惑星がタンゴを踊りながら、天の川銀河の中央にある超巨大なブラックホールのまわりを回っているのだ。人間がつくる宇宙船と人間が住む宇宙船のあいだには大きな違いがある。地球が太陽のまわりをいつまでも回り続けることは目的がないように思えるかもしれないが、人間がつくる宇宙船には具体的な任務がある。それでもやはり、地球は宇宙船だ。私たちは「生物圏」と呼ぶ目もくらむほど大規模な生命維持装置に包まれている。国際宇宙ステーションでカチャカチャ音を立てながら酸素の供給と空気中の二酸化炭素の除去を担う装置よりもはるかに複雑だ。それも当然である。国際宇宙ステーションは数年で築かれたが、地球の生物圏は数十億年もの進化の産物だ。

環境問題の専門家はまさに宇宙工学者である。惑星の生命維持装置を研究し、微調整し、それを大切にするよう私たち全員に勧めている。国際宇宙ステーションを設計した人びとは小規模な環境問題の専門家であり、宇宙で暮らす数人のためにより小さな生命維持装置の技術を磨き、調整している。環境問題の専門家と宇宙探査の専門家は一心同体だ。どちらも宇宙で人類がこの先もずっと繁栄していけるように尽力している。対象としている規模が違うだけだ。

この議論は想像力をふくらませすぎているように思えるかもしれないが、重要な点を示している。地球には今すぐ解決しなければならない問題があるにもかかわらず、宇宙探査の専門家は宇宙征服や火星での居住を夢見て、時間とお金を無駄遣いしていると、環境問題の専門家が批判するのをよく耳にする。また、宇宙探査の専門家が環境問題の専門家を拒絶するような場面を目にしたこともある。よくある考え方としては、環境問題の専門家は重要な課題に取り組んでいるとはいえ、どちらかというと内向きで、宇宙という無限のフロンティアを探査できる時代に、母なる地球の傷痕にばかり注目している、というものがある。そうではなく、私たち全員が宇宙と呼ぶボーダーレスの環境で繁栄していくという同じ目的をもっていると考えさえすれば、環境保護主義と宇宙探査は一つになり、人類に対して同じ未来像を描けるだろう。

人類がこの先も存続していくためにはどうすればいいか。そうした現実的な観点をもったとき、私たちは宇宙から何が得られるかを考えるべきだ。タクシーがエッジウェア・ロードを外れてパディントン駅へ向かっているときに、その点をわかりやすく伝えるお気に入りのたとえ話をしてみた。ある日、買い物に出かけたとき、なぜかタイミングが悪く、閉店した店のなかに閉じ込められたとしよう。その店は夏のあいだずっと閉まったままになる。出口が見つからず、一人でそこにいるしかない。そのうち食べ物や飲み物が底をつき始め、残ったもので生き延びるしかなくなる。でも、なぜ店のなかに閉じ込められたまま、わずかな食料をあさり続けるのか？　裏口のドアを思いっきり蹴れば、本通りに出られるかもしれないのに？

同じように地球にも限りがある。とはいえそれは、資源消費を効率化しなくてもいいと言っているわけではない。廃棄物をできるだけ減らし、私たちが利用する生物圏への負荷を抑えることはすべきだ。しかし、人類全体の未来を一つの惑星だけに委ねる、つまり私たちが必要なすべてのエネルギーや物質を永遠に地球だけに頼ることは、宇宙が秘めた無限の恵みに目をつぶるということだ。地球に埋蔵されている鉄鉱石はおそらくあと数百年ほどで底をつくだろうが、火星と木星の軌道に挟まれた小惑星帯には、何百万年分もの鉄鉱石が埋蔵されているし、それだけでなくハイテク産業に必要な白金などの元素も眠っている。携帯電話やコンピュータに使われる原料の採掘は地球に莫大な負担をかけるうえ、採掘に従事する労働者とその家族やコミュニティにも多大な代償をもたらす。そうした必要な原料を地球以外の天体から調達できたら、すばらしいではないか？

もちろん、地球で採掘する資源もそうだが、地球以外の天体に存在する資源の採掘も簡単とは限らない。宇宙探査の専門家と環境問題の専門家がどちらも太陽エネルギーやリサイクル、採掘技術に関心を抱いているのは、そのためでもある。地球を気にかける人びとと、宇宙を探査したい人びとはこの点で結びついている。両者は今あるものの入手と利用、再利用を行なうためのよりよい方法を見つけようと尽力しているのだ。ここにもまた、優れた頭脳の持ち主が共通の問題を解決するために結束する大きな可能性がある。注目する対象は地球と宇宙という違いがあるとはいえ、効率的な資源利用に関心のある技術者どうしは、人類がどこに住んでいても繁栄できる手段を開発するうえで助け合うことができる。

確かに、この未来像が経済的に成り立つのかどうかは不透明だ。公共機関や民間企業が時間と労力をつぎ込む価値があると判断できるやり方で、金属を小惑星帯から採掘できるのか？　この問いに確実な答えがあるわけではないのだが、地球からロケットなどを打ち上げる民間企業がすでに増えてきていることを考えれば、今後数十年のあいだに、宇宙関連企業が経済的に成り立つ領域にだんだん入ってくるだろう。しかし、今のところ、こうした細かいことまで深く心配する必要はない。私たちはより広い未来像について考え、地球が八〇億を超す人びとの多くのニーズを満たし続けてくれることを期待しつつ、このちっぽけな岩石惑星を永遠に酷使し続ける必要はないとも認識すべきだ。宇宙は私たちを手招きして待っている。

ただし、この未来像には負の側面もある。太陽系の天体から大量に金属を集めて地球に持ち帰れば、大量消費に拍車がかかるだけで、環境破壊がいっそう進むと想像がつくだろう。これは賢明な結果とは言えない。私たちはある程度計画的に物事を進める必要がある。産業の一部を宇宙へ移し、汚染物質が蓄積される一方の窮屈な地球から取り除くという方法もある。小惑星帯から金属を採掘するとしたら、現地で加工までやってしまうのはどうだろうか？　こうすることで地球が宇宙のオアシスのような存在になると考えれば、前向きな気持ちになる。地球は人類の居住区となり、公園や湖、海、空気は劣悪な工業活動から守られるのだ。有毒ガスの始末は、汚染物質を許容する宇宙空間に委ねることができる。

私が持論を展開しているあいだ、ドライバーは熱心にうなずいていた。「だとすると、宇宙探査の専門家はほかの惑星についての重要な情報を地球から学べるということだね？」と彼は尋ねてきた。タクシーはパディントン駅に到着しようとしていた。私はここからヒースロー行きの列車に乗り換える。だが、その前に彼の質問に答えなければならない。そうすれば、いろいろな意味で議論が完結するからだ。宇宙から得た知識が地球での豊かな生活に役立つ一方で、地球での研究を宇宙のほかの場所での暮らしに役立てることもできる。宇宙探査と地球環境保護から得られる知識の大半は互いに恩恵をもたらすものだ。これら二つは異なる目的をもっているわけではない。

科学者は今、宇宙探査に備えるために地球上の多種多様な環境を訪れている。そうした環境は「類似環境」と呼ばれ、ほかの惑星の性質と、そこに生命が存在する可能性について知見を与えてくれる。氷に閉ざされた南極大陸の荒野では、生命が極度の低温・乾燥環境をどのように生き抜いているか、それが火星に生命が存在する可能性についてどんな情報を与えてくれそうかを、科学者たちが探っている。暗い深海から周期的に湧き上がってくる海水が南極や北極の極限環境をどのように形成しているかなど、水の動きを研究することで火星の太古の地質に関する情報が得られる。火星にはかつて湖や氷河が存在したが、遠く離れた太陽の光を浴びて氷は解け、かつ蒸発してしまった。私自身、そして研究仲間の多くが取り組む研究テーマは、生存の限界領域で生きる生命の探究に興味をもっていたことから発展したものだ。

実際のところ、生命の限界領域とはどこにあるのだろうか？　その答えをより深く知るためには、ほとんどの人が休暇で過ごしたくない場所に行かなければならない。地球上の極寒の地や、猛烈に暑い場所、乾燥地帯、生命がいないように見える不毛の荒野だ。こうした場所でさえ地球の生命はしぶとく生きていて、地球外で生命が見つかりそうな極限環境を垣間見せてくれる。この種の研究では奇妙な場所に注目することがある。正直に言うと、緑豊かな森林は私にはぜいたくすぎるように見える。でも、北極では、生命を宿す微小な緑の層やしみのような斑点を愛おしく思い、岩石ハンマーで壊さないように気をつけている。危ういバランスのなかで死を逃れようとしているこうした生命を、私は違った目で見ている。

乾ききったチリのアタカマ砂漠から、バッテリーに使われる硫酸ほど強い酸性を示すスペインのティント川まで、科学者たちは数えきれないほどの環境を研究して、地球外にあるとみられる環境のありようを理解しようとしてきた。よく考えてみると、それは地球への理解を深めることでもある。地球の極限環境は宇宙のなかで決して例外ではない。なかには、ほかの惑星や衛星にも見つかると考えられる環境もある。そうした共通の環境から、私たちは惑星の歴史のほか、人間の活動が生命の安息地としての地球の適性に及ぼす影響について何かを学んでいる。

私が乗ったタクシーのドライバーは地球と宇宙のつながりを直感的に理解していたものの、環境保護の専門家と宇宙探査の専門家の溝が深まった経緯も納得しやすい。宇宙探査は冷戦から生まれた。戦略とイデオロギーの優位を争うこの戦いにおいて、宇宙は戦略上最も重要な場所だった。この対立から生まれたプロジェクトは競争心に満ちていた。宇宙に行った最初の人類、宇宙に行った最初のチーム、月面に降り立った最初の人類など。アメリカ合衆国とソビエト連邦（現在のロシア）が宇宙をめぐって繰り広げた戦いは、ほぼ環境とは無縁だった。一方、地球上では、農薬の影響に対する懸念が高まっていたほか、もっと広い意味で人間が環境に及ぼす影響がだんだん認識されるようになり、地球という惑星を知りたいとの気運が高まった。それは超大国の対立とはかけ離れているように見えた。実際、宇宙で繰り広げられていた競争は、現代の環境保護運動の友好的な訴えとは正反対のものと見られていた。

環境保護と宇宙探査がこれまで常に対極にあったと言うのは正しくない。地球の探査にかかわっていた多くの組織が、宇宙探査を次の大いなるフロンティアとして受け入れていたし、宇宙飛行士は地球がいかにちっぽけで傷つきやすい存在かがわかったと言って、宇宙滞在の経験を称賛してきた。しかし、世間のより広い世界では、これら二つの活動は別々のものと見られたままで、互いに敵対心を募らせ、宇宙を探査する前に故郷である地球の問題を解決すべきだという主張を生んだ。

しかし、これとは違った視点で人類の未来を考えることもできる。私たちは地球環境を保護すべきか、それとも宇宙を探査すべきかを必ずしも選択する必要はない。どちらかを選ぶ二者択一の見方では、二つの活動は相容れないと考えられ、どちらが得でどちらが損かという選択が強調されている。だが実際には、どちらも科学面や技術面で互いに多大な恩恵を受けているのだ。宇宙探査によって得られる知識は、地球を理解するうえで役立てることができる。また、小惑星の地図の作成や資源利用といった、宇宙での多くの試みは、地球とそこに存在するすべての生命を守る一助となり、私たちに直接役立つ恩恵をもたらす。

宇宙船地球号。私たちは太陽のまわりを回っている。宇宙を地球の問題解決を邪魔する存在として見るのではなく、宇宙全体のなかで私たちの置かれている位置を真摯に受け止めるべきだ。地球は太陽系とその惑星の構造そのものだけでなく、太陽系全体の命運にもかかわっていると考えることで、私たちは地球をもっと大切にしなければと思うだろうし、人類が繁栄する可能性を広げ、資源の需要を満たすために、宇宙をどのように役立てればよいかがわかってくるだろう。人類とほかの生物が直面している重大な環境問題は一刻も早く解決しなければならないが、それと同時に、よりよい未来を築くために宇宙探査の能力を結集すべきでもある。環境危機の緊急性を考えれば、宇宙探査から徐々に手を引くべきだとの見方もあるだろう。宇宙探査は莫大な資金を要するぜいたくな活動だという考え方だ。だが実際のところ、地球における資源の需要は増大しており、宇宙探査への期待はしぼむどころか高まっている。環境保護と宇宙探査は似たものどうしであり、未来の地球を安らぎの場所にできる可能性をもたらす。その未来を支えるのは、宇宙輸送技術を駆使する文明だ。

タクシー料金を支払った私は、ドライバーに礼を言い、列車のホームへ向かう群集に加わった。私のまわりで小惑星や火星について考えながら歩いている人はおそらくいないだろう。さっきタクシードライバーと交わしたような会話――環境保護と宇宙探査で得られる繁栄をもとにした、地球と宇宙に関する会話――は少しずつふつうになりつつあるようだ。私はそんな思いを徐々に強めている。より遠くの星に到達できるようになるにつれ、宇宙植民は地球に危うい未来が迫りつつあることと同じくらい、一般の人びとに知られるようになるのではないか。そのうち、環境保護と宇宙植民、小惑星についての会話することがタクシードライバーの仕事の一部になるかもしれない。

一般の人びとにも宇宙旅行の扉が開かれつつある。スペースXのドラゴン宇宙船は民間の宇宙飛行士を乗せることができる。写真は国際宇宙ステーションにドッキングするドラゴン宇宙船。

ロンドン行きの列車に乗るため、エディンバラ大学からウェイヴァリー駅まで乗ったタクシーのなかで。

第5章　火星に旅行できるようになる？

「駅までですね」とドライバーが尋ねてきた。「どこか面白いところにお出かけですか？」彼女は四〇代だろうか。赤い縁の眼鏡をかけ、赤毛の髪をふんわりとした髪形にまとめている。ハンドルを指で軽くたたたく癖があり、ときどき眼鏡をかけ直す。

「ディドコットにあるラザフォード・アップルトン研究所に行って、宇宙でやりたい実験について話すんだ」と私は説明した。

「宇宙？　宇宙っておっしゃいました？」彼女は興味津々でバックミラーをのぞき込んだ。

「まあ、まだアイデアの段階なんだけど、今後数年のうちにその実験装置を宇宙ステーションまで打ち上げるにはどうすればいいかを考えているところなんだ」

次に彼女が言ったのは、私がよく聞かれる質問だ。「でも、あなた自身が行くんですか？」多くの人は「はい」という答えが返ってくるのではないかと考えているようだ。そうだったらいいのだが。

「いや、残念ながらね。私が宇宙飛行士になるには、もう少し時間がかかりそうだ。民間のロケット会社が十分安い料金を設定できるようになれば、私のような人間でもふつうに宇宙旅行ができるかもしれないが、今はまだね。でも、あなたは行きたいと思う?」と私は尋ねた。

彼女はバックミラーをのぞき込んだ。そこにはほぼ彼女の見開いた目だけが映っていて、後部座席を見つめている。彼女は眼鏡をかけ直し、再びハンドルを指でたたくしぐさをした。

「行きたいです」と彼女はきっぱり言った。「仲間に入れてください。夫はたいして興味ないんですけどね。子どもたちは独立したから、私のことなんか気にしない。でも、考えてみたら、すごいチャンス! 行きますよ。一生帰ってこないのは嫌だから戻ってきたいけど、行きますよ」

彼女の熱意はすごい。その理由を尋ねてみると、「冒険です!」と彼女は声を上げた。「最初の一人じゃなくても、すごいことじゃない? 今の仕事は好きですよ。誤解してほしくないんだけど、エディンバラでね、毎日同じことをしていると嫌になることもあるんです。宇宙は違いますからね。チャンスがあれば行きたいです」

彼女以外にも、宇宙旅行のチャンスがあれば行きたいと言った人に会ったことがある。じつのところ、そんな声を聞くといつも驚くし、そのうえ愉快な気分にもなる。宇宙へ行きたいと熱望しそうにないように見えて、じつは行きたがっている人がたくさんいるのだ。宿の主人、銀行家、店員、受刑者——ほぼあらゆる職業や立場の人が、銀河旅行に強くあこがれている。

これについて、私にはきわめて個人的な経験がある。あれは一九九二年、博士課程を終えようとしていた頃のことだ。私はオックスフォードのパブの椅子に座り、自分がどれだけ火星に興味をもっているかを、仲間の学生たちに熱く語っていた。それはたまたま国政選挙の二カ月前で、だったら火星旅行を促進するという公約を掲げて立候補すればいいじゃないかと仲間たちにけしかけられ、私はその話に応じてしまった。彼らは私の影の政府に加わってくれるという。翌日、私たちはハンティンドン選挙区まで車を走らせた。そこは当時の首相だったジョン・メージャーの選挙区だ。私たちは立候補に必要な一〇人分の署名を集め、供託金を支払った。「火星をめざす党」の誕生である。私の愛車（ミニ）に拡声器を取り付けて、選挙カーに仕立て上げ、街中を走り回って、世間に投票を呼びかけた。もちろん、票を集めるためには耳に残るスローガンが必要だ。「今こそ変化のとき、惑星に変化を」という言葉を発してみたところ、通りを歩く人が笑みを浮かべたので、その言葉をひたすら繰り返した。その後、かなり真面目なマニフェストを作成し、イギリスは火星基地を建設して、火星探査への関与を強めるという目標を設定すべきだと提言した。そして毎週土曜の午後には、ハンティンドンの街頭で火星探査について即席の講義をし、ラジオ局から病院、教会まであらゆる場所に立ち寄って、支持を呼びかける駆け足の選挙運動を繰り広げた。

　そして投票日の夜がやって来た。スクリーミング・ロード・サッチやバケットヘッド卿といった政治風刺を目的としたおなじみの候補の隣に立っておびえながら、私は国民の審判を受けた。九一票。得票数は下から二番目で、自然法党には勝ったものの、議席の獲得には数万票ほど足りなかった。実際のところ、ハンティンドンに知り合いが一人もいなかったことを考えると、九一票という数字にはとても驚いた。誰が私に投票してくれたのか、今もわからない。でも、あの二カ月間で、一般の人びとが宇宙探査についてどのように考えているかがよくわかった。世間の熱狂はテレビの特集番組を視聴することにとどまらない。国政選挙に出馬して、火星探査に賛同した見ず知らずの九一人から票を集められるほど真面目な活動にも参加できるという事実は、宇宙旅行が可能になるとの未来像がもたらす興奮について何かしら教えてくれる。だから、タクシードライバーが同じように興奮するのを見ても、それほど意外ではなかった。とはいえ、宇宙旅行への関心が広がっていることには改めて気づかされた。無人探査機によるプロジェクトやジェット機のパイロットが参加するプロジェクトというだけでなく、それ以外の人びとも参加できそうなプロジェクトとも見られているのだ。「あとどれだけ待つことになるのでしょうか?」と彼女が尋ねてきた。宇宙旅行のチャンスがいつ訪れそうか、気になっているのだ。

私と同年代の人と同じく、私は宇宙探査が始まった頃の熱狂の時代を覚えている。八歳ぐらいのとき、NASAのアポロ計画についての本を読んだ。それは一九七〇年代半ばで、月面着陸はそれほど遠い過去の話ではなかった。ニール・アームストロングの言葉はまだ多くの人の耳に残っていた。こうした偉業がもたらす未来への期待が高まり、人びとのあいだに熱狂を巻き起こした。私が読んでいた本にはアームストロングとバズ・オルドリンが月面で成し遂げた偉業について詳しく書かれ、その巻末には一九八〇年代に訪れるかもしれない明るい未来像が二ページにわたって記され、火星基地や、はるか遠くの外太陽系へ連れていってくれる宇宙船の想像図が添えられていた。こうした未来像の実現ははるか先のようにも思えたが、手が届きそうにも感じていた。私は八歳の頃、一九八〇年代には火星旅行に行けると信じきっていた。現状を考えると心底がっかりする。

当時の未来学者は宇宙旅行が日常的になると予想していた。宇宙飛行士に「必須の資質」がある幸運な少数の人だけのものではなくなるというのだ。プリンストン大学の物理学者ジェラード・オニールは著書『宇宙植民島――１９９０年完成！〝第二の地球〟計画』（一九七六年）で、一冊まるごと使って宇宙植民地の風変わりな構想を描いた。巨大なドーナツ状の宇宙船は、太陽光を集めるためにピカピカの鏡に囲まれ、ゆっくり回転して地球の重力を模倣している。その船内では一万人もの宇宙植民者が作物を育て、家の手入れをし、道路を建設している。オニールの想像図では、広大な円筒状の空間の対極に二つの町が位置し、同胞の姿が上空に浮いているように見えるという奇妙な場面が描かれている。

それから数十年が経過した現在の状況を考えると、たやすく深い失望の念に襲われてしまう。そのあいだに人類がやってきたのは、地球のすぐ近くに宇宙ステーションをいくつか建設したことぐらいではないか。宇宙ステーションは地球のまわりを回り続けるだけで、どこにも行かない。最初に建設されたのは「スカイラブ」と「サリュート」、その次に「ミール」、そして現在は国際宇宙ステーションだ。しかし、まだ火星に基地をつくるには程遠く、月面に居住地を建設する構想にも進歩はない。これでは失望するのも仕方がないのかもしれないが、ここで忘れないでほしいのは、アポロの宇宙飛行士たちが月を訪れてから何十年ものあいだに多くの知識を得たことだ。この期間は決して進歩がなかったわけではない。まず、宇宙での滞在が人間にどのような影響を及ぼすかを学んだ。この知識は一般の人びとが大勢で宇宙を訪れるようになったときに欠かせないものだ。

宇宙は人間の体に負担をかける。宇宙に滞在する時間が長くなるほど、低重力の環境で筋肉が衰え、体への負担は大きくなる。月面に数日だけ滞在して岩石の採取やゴルフボール打ちをするのと、周回軌道上に何週間も滞在するのは大違いだ。宇宙飛行士ほど体力のない観光客をそうした環境に置くなど、今の段階では考えられない。抜群の体力を備えた宇宙飛行士でさえ、宇宙滞在中は身体能力を維持するために厳しいエクササイズを続けなければならないのだ。体を固定してトレッドミルを走り、ウェイトトレーニングをするという運動を毎日数時間行なって、筋肉の衰えや骨量の減少を防ぐ。これもまた宇宙滞在中の健康問題である。重力などの力を受けていないと、骨はだんだん細くなってもろくなる傾向にあるのだ。

同じような問題はほかにもある。重力がないと、血液などの体液が下方向へ流れず、上半身に集まりやすくなって、顔がむくんでしまうのだ。それだけでなく、方向感覚を失った状態が常につきまとう。上や下という概念がない。あのコンピュータはどこにある？　床にあるとも言えるし、天井にあるとも言える。上下の判断は、その反対側の壁に見えるものと、脳が天井や床をどのように考えているかによって異なる。このように感覚が混乱するために、体がぐるぐる回ってしまう。バランス感覚がおかしくなって、気持ち悪くなる。

宇宙に滞在するためには概して何かしらの訓練が必要だ。宇宙飛行士が挑む前、宇宙滞在は困難であるとの感覚があった。しかし、宇宙飛行士たちが周回軌道上の宇宙ステーションで比較的長期間にわたって滞在した結果、以前よりはるかに詳しい知識を得ることができた。火星行きのチケットを待って地球にとどまっている私たちには、宇宙ステーションはつまらない場所に思えるかもしれないが、これまで大量の知識をもたらしてきた。抗生物質の研究から、炎の広がり方に関する調査まで、優れた科学研究が宇宙ステーションではたくさん実施されてきた。そして、実験室での実験に加え、宇宙飛行士自身が実験台になり、知識の大きな進歩に人知れず貢献してきた。やがて観光客が初めて月面に一歩を踏み出すときが来るとすれば、それは宇宙ステーションで得られた知識のおかげである。とはいえ、タクシードライバーからの質問のことはまだ気になる。あとどれだけ待てば、一般の人びとが火星旅行に行けるようになるのか？　彼女は知りたがっているように見えた。「なぜ今行けないんでしょう？」と彼女は答えを求め、目を見開いてバックミラーをのぞき込んだ。

「まあ、なかなか行けないのは政治的な意思の欠如によるものだと思う」と私は説明した。「月をめざすアポロ計画みたいなプロジェクトはどれも、政府主導で推し進められたものなんだ。アメリカとソ連は宇宙を自国の社会の実力を誇示する場所だと実質的に考えていた。月面計画は、地球の周回軌道上で成果を出して自信を強めるソ連に対抗しようと、アメリカが打ち出したものだ。ソ連は最初のイヌ、最初の男性、最初の女性、そして最初のチームを宇宙に送り込んだ。次のステップとして明らかなのは、月面に人類を送り込むことだった。アメリカが最初にそれを成し遂げれば、ソ連のあらゆる成果はそれほど無意味とは言えないものの、月面着陸という私たちの長年の夢よりは見劣りすることになる」

私はドライバーへの説明を続けた。あの宇宙競争という雰囲気では、一般人は偉業を見守って応援し、熱狂するしかなかった。宇宙船に搭乗できるように選ばれた宇宙飛行士は論理的で、恐れを知らず、創造性にあふれ、感情にぶれがなく、心と体に恵まれ、多大なプレッシャーのなかでも落ち着き、ミッションの成功だけをめざす。これは決してふつうの任務ではなかったし、政治家も政府の高官も宇宙ミッションが観光業に発展するなどとは夢にも思っていなかった。

アメリカ人が星条旗を月面に掲げた頃には、宇宙は絶対にプロフェッショナルにしか行けない環境だとの見方が定着していた。アメリカのスペースシャトルが世界初の再利用可能な宇宙船として登場したものの、観光客が搭乗することはなかった（ソ連も独自のシャトル「ブラン」（吹雪の意）を開発したが、一度しか飛んでいない）。スペースシャトルのミッションに加わった「ふつう」の人も何人かはいる。教師のクリスタ・マコーリフはその一人で、チャレンジャー号の爆発事故で悲劇的な死を遂げたことで知られている。とはいえ、彼女もまた一万人以上の応募者のなかから選ばれ、広範なトレーニングを受けてはいた。一九八〇年代に始まった国際協力の産物の一つとして、一九九八年には国際宇宙ステーションの運用が開始され、政府の支援を受けた宇宙飛行士がその運営を担った。それは現在も変わらない。

とはいえ、希望を感じさせる話もある。「そんな状況が変わったのは二〇〇一年だ」と私は説明を続けた。「それは、宇宙飛行士以外の私たちにとってひと筋の希望となるものだったから」。そのとき私の頭にあったのは、デニス・チトーがロシアの宇宙ステーション「ミール」に滞在した八日間の旅のことだ。チトーは宇宙科学者から投資銀行の職員に転身した人物で、ニューヨーク大学で宇宙航行学と航空学の学位を取得したあと、カリフォルニアにあるNASAのジェット推進研究所で働いた。やがて、数学の知識を市場リスクの分析に生かして、個人で一〇億ドルもの富を稼ぎ出した。彼はその資金をすべてつぎ込み、ミールに観光客を送り込んで民間企業の宇宙参入をめざす企業「ミールコープ」との関係を築いた。ただ、NASAはチトーの計画にそれほど感銘を受けなかったことに触れておきたい。当時のNASA長官だったダン・ゴールディンは、宇宙への観光旅行は不適切だと考えていた。しかし二〇〇一年四月、チトーはスペース・アドベンチャーズという企業の支援を受けて、ついに宇宙へと飛び立った。

チトーの挑戦で宇宙旅行への扉が一気に開くことはなかった。彼が支払った費用は二〇〇〇万ドルとも言われるから、宇宙観光への基盤が整ったわけではなかったのだ。それに、チトーは航空学の知識もあるから、宇宙船の素人というわけでもなかった。とはいえ、それは一つの転換点ではあった。宇宙旅行に対する人びとの見方が変わったのだ。チトーが宇宙旅行に行ったことで宇宙飛行士の価値が下がったわけではなく、ＮＡＳＡのエリート宇宙飛行士が精鋭であることには変わりない。しかし、六〇歳の人物が地球の周回軌道上に一週間あまりも滞在できるのなら、宇宙は戦闘機パイロットの英雄だけが行ける場所というわけではないのかもしれない。たくさんの人が行けるわけではないものの、チトーは宇宙観光が可能であることを示した。何年もの訓練を受けていない一般の人が宇宙に行って数日間滞在し、実験を手伝い、無事に帰還することができたのだ。

もちろん、実務や組織の面で見ると、これは私たちがこの先日常になると思い描くような宇宙旅行ではない。これはあまりにも小さな事業であり、大規模に展開できるものではなく、政府のプログラムに依存している。チトーがもともと滞在しようとしていたミールは当時のソ連政府によって運営されており、それは彼が搭乗した宇宙船ソユーズも同じだ。チトーが結局滞在することになった国際宇宙ステーションもまた、国家によって運営されている施設だ。それにチトーはＮＡＳＡである程度の訓練を受けた。

「何もかも政府、というのが問題なんですね？」とドライバーが尋ねてきた。「政府は私にチケットを売ってくれませんからね」。彼女はそう言うと、右手の指で空を指した。

この状況を変えようとしている大富豪がいるが、ドライバーはその大富豪と同じ結論を導いた。その結論とは「世界に必要なのは、宇宙行きの正真正銘の民間タクシー」というものだ。私はテクノロジーで巨万の富を築いたイーロン・マスクのことを話した。マスクがチトーのミッションの一年後に設立した宇宙開発企業スペースXは二〇〇八年には、民間ロケットを初めて地球の周回軌道に投入した。NASAはこの成果を高く評価し、宇宙への貨物輸送を同社に委託した。これまでにスペースXはドラゴン宇宙船を使って、国際宇宙ステーションへの民間の補給ミッションを二〇以上もこなしてきた。また、有人飛行に対応した宇宙船で宇宙ステーションに宇宙飛行士を輸送するミッションも行なっている。

そして二〇二一年、「ドラゴンの搭乗者が、旧来の政府系の宇宙飛行士から、あなたのような正真正銘の民間の観光客に変わった」のだと話すと、ドライバーは文字どおり座席から跳び上がった。それは「インスピレーション4」と呼ばれるミッションで、民間の宇宙飛行士だけを乗せて地球の周回軌道に到達した。「ある意味、彼らはあなたのような人たちに宇宙旅行への扉を開いたんだ」と私は言った。「宇宙事業に参入する民間企業が増えるほど、技術の信頼性と安全性は高まり、観光客が料金を支払って宇宙へ行くことを正当化しやすくなる」

「ということは、私が行ける日がかなり近づいているということですね？」

「うん、私たちみんながね」と私は答えた。

スペースXは民間の宇宙事業者の先駆けではあるが、宇宙事業に参入した企業はほかにもある。この分野は急成長している。インターネット通販大手アマゾンの創業者として有名なジェフ・ベゾスは私財をつぎ込んで、宇宙開発企業のブルーオリジンを設立した。同社がめざすのは、地球の周回軌道、そしてさらにその先の月へロケットを打ち上げることだ。これまでに、有人宇宙船ニューシェパードの打ち上げで見事な成果をあげている。この宇宙船は観光客を乗せて短時間の弾道飛行を行なうことができる。乗客たちは地球の大気圏外に出て、数分間だけ無重力を体験し、漆黒の宇宙から地球の唯一無二の絶景を目の当たりにする。その後、彼らが乗ったカプセルは降下し、砂漠にゆっくりと着陸する。この飛行の料金は一〇万ドル余りだが、チトーが支払った二〇〇〇万ドルに比べればはるかに安い。

音楽業界と航空業界の有力者であるリチャード・ブランソンもまた、宇宙産業に参入した人物の一人だ。ブランソンが設立した宇宙旅行会社ヴァージン・ギャラクティックは複数の宇宙船を建造し、飛行させてきた。同社のスペースシップワンは二〇〇四年、民間の宇宙船として初めて宇宙飛行を成し遂げた。この宇宙船を設計したのは、バート・ルータンという先見性のある技術者だ。続いて、改良型のスペースシップツーが開発されたが、二〇一四年に悲惨な事故が起きた。スペースシップツーの一号機が飛行中に空中分解したのだ。この事故は、着陸の前に宇宙船を減速させるために使う「フェザー・システム」を予定より早い段階で起動したために起き、マイケル・アルスベリー副操縦士の命を奪うことになった。しかし、二号機は順調に成果をあげている。ブランソン自身も搭乗し、宇宙の入り口まで一時間の旅行を楽しんだ。月旅行とまではいかないが、宇宙産業にとって勇気づけられる一歩となった。

ここでドライバーの考えを知りたくなった。「だから、たった一〇万ドルで数分間の宇宙体験ができるんだ」と私は淡々と話して、彼女の反応を探った。その答えは意外なものだった。
「冗談でしょ？　たった数分間なんて嫌ですよ。火星に行きたいんです」。それはまるで、私が彼女の生涯の夢を軽く考えていたかのような反応だった。私にはうれしい驚きだった。

最近では、民間企業が地球の周回軌道のさらにその先をめざそうと計画している。スペースXにはすでにその計画があるし、人と物資を火星まで運べるロケットの試作機まである。ほかの企業にも、月をめざす無人と有人のミッションがある。どの企業が計画を実現させるのか予測は簡単ではない。民間のビジネスというのはどんなものでもそうだが、多くの計画が現れては消えていくものだ。投資家の関心も時とともに移り変わる。とはいえ、どの企業が成功を収めるかを気にする必要はない。重要なのは、宇宙に行きやすくなることだ。宇宙旅行に必要な技術のコストは大幅に下がっているから、チャンスは民間の個人の手が届く範囲に入ってきている。宇宙のフロンティアをめざす事業に参入する企業が増えれば、革新的なエンジンの試験や、新型宇宙船の飛行、新たな素材の開発が進む。こうした事業は人類が宇宙に進出するうえでどうすべきなのか、さまざまな知識を与えてくれる。どの時代にも宇宙旅行に危険はつきものではあるが、タクシードライバーにも安全な宇宙旅行に手が届くようになる日はだんだん近づいてきている。さらに、冒険好きの観光客が火星に行ける日も近づいてきてはいるものの、その進捗は大幅に遅れている。

多くの企業は宇宙へ行く手段に注目しているのだが、なかには宇宙に行ったときに滞在する場所について考えている民間企業もある。スペースXがまだ着想でさえなかった頃、ロバート・ビゲローという一風変わった熱心な不動産業界の大物が、みずから宇宙計画を推し進めるという幼少期の夢を実現するため、ビゲロー・エアロスペースという企業を設立した。一九九九年、同社は宇宙に居住空間をつくる活動を始め、二〇一六年には「ビゲロー膨張式活動モジュール（ＢＥＡＭ）」が打ち上げられて、国際宇宙ステーションの脇に取り付けられた。それはふくらませて使う大きな白いモジュールで、見かけは巨大なマシュマロのようだ。宇宙ステーションに設置したあと、ふくらませると、宇宙飛行士や観光客が作業したり遊んだりできる試作の居住空間になる。ＢＥＡＭはビゲローがロシアのロケットで数々の初期の試作品を打ち上げて完成させた成果だ。

宇宙での居住空間は将来の宇宙探査に欠かせない。そうした不動産というのは、火を噴くロケットに比べれば、ほとんどの人にとって魅力は劣るだろうが、宇宙で休暇を過ごそうとすれば、どこかに滞在しなければならない。人っ子ひとりいない島への航空券を友人からプレゼントされたら、あなたはどう感じるだろうか？

こうした活動すべてが積み重なって、宇宙経済が構築されていく。いち早く参入した民間企業に続いて、宇宙事業を始める企業は今後も出てくるだろう。月面を歩くとき、実用重視でかさばるＮＡＳＡの宇宙服を着たいと思うだろうか？　いや、明るい色をしたファッショナブルな宇宙服を着たいはずだ。ヘルメットも、写真に写るときに顔が隠れるようなものはかぶりたくない。こうした欲求を満たそうと取り組む企業はすでにある。新たな業界も続々と生まれてくるだろう。バイザーの色から宇宙で食べる食品まで、こまごまとしたあらゆるものに企業は目を付けるだろう。活動が広がっていけば、企業はスケールメリットに気づき、よりよい技術を開発して、価格を下げていくだろう。そうすればやがて、宇宙旅行はほかの大陸で休暇を過ごすぐらい現実的になるはずだ。

しかし、私はドライバーにバラ色の未来だけを伝えるつもりはなかった。「でもまだ、ふつうのことではないよね。まだちょっと危険はあるし、月や火星に行ったとしても、岩だらけの風景を大好きにならないと」

宇宙旅行にひとりよがりな考えが入り込む余地はない。月や火星が過酷で危険な場所だという事実は変わらないからだ。太陽フレアを浴びればあっという間に死んでしまうし、地球で過ごす休暇とはまったく違い、酸素をただで吸えるわけではない。月は真空だし、火星の大気は二酸化炭素だらけだから、窒息してすぐに死んでしまう。気軽に外を歩き回って夕日を楽しめる場所ではない。そして実際のところ、月や火星で観光客ができることは限られている。野生動物はいない。月では見渡す限り灰色の火山岩の大地が広がっているだけだし、火星では色が赤ということ以外、月と大差ない。ここの魅力はいったい何だろうか？　別世界の体験かもしれないし、見慣れたものを新たな形で体験することかもしれない。月の表側に立てば、地球が頭上に見えるだろう。緑と青の美しい色合いを目にすれば、考え方ががらりと変わるかもしれない。アポロの宇宙飛行士が無限に続く漆黒の宇宙で、この傷つきやすい惑星をはじめて目にしたときに、その美しさに魅了されたように。

だが、私が乗ったタクシーのドライバーは宇宙に行きたい理由など、特に必要としないようだ。「行ければいいんです。行って見るだけ。どんな気分になるか知りたいだけなんです。実際、火星に降り立つんですよ！」彼女は再び空を指さして、まるで火星を探しているように空に目を走らせた。彼女と同じように思っている読者もいるかもしれない。あるいは、地球上のすべての大陸を訪れたいと思っていて、だったらおまけに火星も行ってみたい、という読者もいるかもしれない。それもまた、十分妥当な理由だ。

月にふつうに行けるようになるまでにはしばらくかかるだろうし、火星旅行ともなれば実現までにもっと時間がかかる。実際のところ、火星に滞在すること自体は月で休暇を過ごすよりも困難ではない。火星には少なくとも大気があり、多くの点で月よりも環境は厳しくない。しかし、火星は月よりはるかに遠い。月までの旅はいつもより長い週末を使えば行けるだろうが、火星への旅は一年以上かかる。本格的に仕事を休まなければならない。

今考えると、アポロ計画の一〇年後に火星で休暇を過ごすという妄想は甘い考えだった。乗り越えなければならない困難が数多くあった。二〇一四年にマイケル・アルスベリーが亡くなった事故は、そうした困難がたくさん残っていたことに気づかせる。宇宙は気軽に行ける場所ではない。一つのミスも許されないフロンティアであり、ひとたび命が失われれば、夢の宇宙旅行も希望や達成感をもたらすものではなくなってしまう。格安の旅行会社がバックパッカーを怪しげなバスに乗せるように、観光客や料金を払った乗客を不用意に宇宙へ送り込むわけにはいかない。修理を怠ったバスが故障すれば、観光客はそこで足止めされ、一日を台無しにしてしまう。基準に達していない宇宙船は人の命を奪うことになる。

こうした困難に慎重に向き合っているとはいえ、私たちはすでにその多くを克服しているから、それはある程度の安心材料になるはずだ。二〇〇二年、民間ロケットを開発するという計画を発表したとき、マスクは世間から信用してもらえなかった。有人宇宙船を設計して製造し、それをロケットに載せて宇宙へ打ち上げ、宇宙ステーションにドッキングさせる。こうした事業はそれまで、政府が巨額の資金をつぎ込む大がかりで複雑な事業だった。どれだけ熱血漢の起業家でもできなかったことだ。スペースXの事業はばかげていると、数えきれないほど多くの批評家が考えた。だが、スペースX、そしてほかの数社は民間による宇宙旅行が可能であることを示しただけでなく、民間企業が技術革新に大きく貢献できることも示した。政府に雇われていないエンジニアが強い決意と想像力をもって挑めば、よりよい新技術を創造できることを示したのだ。新技術を結集してできたドラゴンのような宇宙船はまるで、一九六八年の映画『2001年宇宙の旅』に登場する宇宙船のような見かけだ。だが、それは正真正銘の宇宙船で、重い積み荷を運び、乗組員によって安全に操縦できる。二〇一八年には、マスクは彼のテスラのスポーツカーを一台宇宙へ打ち上げることまでした。浅はかな行動かもしれないが（明らかなマーケティング戦略）、技術力を見せつける意味もあっただろう。その車は今も太陽のまわりを周回している。民間企業が地球外の広大な空間にも進出できたのだという自信の象徴だ。

今のところ、私たちのほとんどは人類の宇宙進出を目撃しているだけにとどまっているが、決してがっかりすべきではない。アポロ世代の読者で、人類がいまだに火星に足を踏み入れていないことに落胆している人がいたら、現在の商業的な観光と宇宙輸送事業の活動でどれだけ大きな進歩があったかを考えてみてほしい。これまでの重要な進展で、以前よりはるかに多くの人たちが宇宙へ行けるようになったことに気づけば、落胆の気持ちもやわらぐのではないか。私たちは、月面から見た地球の光景が宇宙飛行士の記憶や本の一ページにしかない時代が終わりを迎えつつある時期にいるのだ。

私が乗ったタクシーのドライバーが火星に行けるかどうか、彼女が火星の大地で空を見上げ、いつものように頭上の地球を指さす日が来るのかどうかは誰にもわからない。だが、宇宙観光が単なる夢から、十分な知識に基づいた近い将来の可能性として考えられるようになったという事実だけでも、喜ばしいことだ。エディンバラの通りでタクシーを走らせている今も、彼女は過去の誰より火星に近い場所にいる。

マリリン・フリン画「オリンポス山登頂」(2002 年)。探検隊がついに、太陽系最高峰である火星のオリンポス山に登頂した場面を描いた想像図だ。現実の世界でこの偉業を最初に成し遂げるのは誰だろうか？

極限環境の生命についての講義を行なうため、ウォーリック大学まで乗ったタクシーのなかで。

第6章　この先も探検の黄金時代はやって来る？

ウォーリックは前からずっと好きだった。中世の本通りは長く、城は古風だが飾らない安定感があって、見るからに堅牢だ。その一部はウィリアム征服王の時代に建設されたという。

「あんな建物、誰も建てないね」。城が左手に見えてくると、ドライバーはそう言った。「今はもう」という言葉を付け加える必要もなかった。私は城壁や塔を見つめた。ヴィクトリア時代の絢爛豪華なぜいたくが絶頂を迎えた時期であっても、この城の飾らない美と幾何学的な壮麗さに匹敵する建物をつくろうと思うイギリス人はほとんどいなかっただろう。

「確かにそうだね」と私は言った。「今は目先のことだけ考えて簡単に建てるけど、あの見事な城のように長くは残っていかない」。ひょっとしたら、私たちはこうした建造物を建てたいという気持ち自体を失ってしまったのかもしれない。そんな思いが頭をよぎった。「私たちはああいう建物をまた建てられると思う？　それとも、当時だから建てられた？　私たちはモチベーションをなくしただけかな？」

「やっぱり、ロマンチシズムみたいなものを失ったんだと思うよ」とドライバーは言った。「現代でも城みたいな建物はあるけど、ああいう壮麗さは求めなくなった」

「昔の探検にちょっと似ているね」と私は言った。

ドライバーは物思いに沈み、憂鬱そうにも見えた。見た目は六五歳前後で、茶色のツイードの帽子をかぶり、緑色のセーターを着ていた。ときどき考え込むように地平線に目を走らせる。何かを探しているかのようだ。時には人生にうんざりしたようにため息をつく。そこには失望感さえ漂っている。私が探検の黄金時代について話したあとも、何か考え込んでいるようだ。こうした過去へのあこがれは、誰かがバスタブに乗ってイギリス海峡を渡ったみたいな、何とも言えない偉業を知らされたときに聞く。

「確かにそうだ」とドライバーは言い、帽子を傾けてから続けた。「人間は人類初と名のつく偉業を全部達成したんじゃないか？　世界一高い山にも登ったし」

「ちょっと変な言い方かもしれないけれど、地球を離れたとしたら、どうかな？　もう、ほかの惑星に行くしかないかも」

自分が度を超したことに気づくことがある。私は同僚と宇宙について話すことに慣れているから、言葉を選ぶことはない。しかし、ほかの人はそんな会話に慣れていない。ドライバーは笑って、ミラーをのぞき込んだ。善意と困惑が入り交じったその表情は「あんた、ちょっと頭の変なやつだろ？」と訴えかけているようだ。その暗黙の反応から、栄光を求める私たちの感覚は本当に影を潜めてしまったのだとの思いを、いっそう強くした。私たちの多くにとって、地球の外に出て探し求めるものなど何もないのだ。人間の考え方というのはそんなものかもしれない。将来、人類が火星と月に定住したら、探検家はもっと冒険をしたいと切望しながら、いてもたってもいられない気持ちで居住域のまわりにいるのだろうか？　新しいエネルギーと精神が新たなフロンティアに解き放たれ、今は影を潜めている勇敢な心がよみがえってくるのだろうか？

エベレスト山頂の手前で登頂の順番を待って連なる登山家の長い列を見れば、地球に「人類初」があふれていた探検の黄金時代からずいぶん進歩したものだという印象を抱くかもしれない。一九五三年にエドモンド・ヒラリーとテンジン・ノルゲイが世界最高峰の頂上に初めて立ったとき、シェルパがエベレストのベースキャンプでごみを拾ったり、登山家の遺体を回収したりしているなんて、夢にも思わなかったのではないか？　登山家の数は増えても、彼らが容赦のない自然の力にさらされていることには変わりない。エベレストにたまるごみが環境問題になるなんて、当時のシェルパにはおそらく信じられないだろう。

氷に閉ざされた不毛な極地でさえ、冒険の重みは小さくなってきた。最近の冒険といえば、南極大陸をモーターバイクで初めて横断するといったものだ。誰かが南極大陸を無支援で横断したと主張しても、そのルートの一部は別の科学調査隊によって圧雪された道路であり、スキーで楽に通行できたと言われ、無支援との主張が有効かどうかという議論が探検家のあいだで繰り広げられている。危険がなくなったわけでは決してない。ホワイトアウト、計画不足、思いがけない病気やけがに見舞われれば、勇敢な冒険が一転して生死にかかわる状況に陥りかねない。だが、これまでに起きたこと、そして、ほかの人びとが残してきたインフラストラクチャーを考えれば、栄光の輝きは失われた。どれほど辺鄙な場所にも多くの人が足を踏み入れてきた。純粋な冒険を求める人たちは、南極探検の英雄時代が終わったと嘆いている。

とはいえ、ヒロイズム（英雄主義）は一九世紀と二〇世紀の偉大な探検家が追い求めたような偉業に限られるとの考えは間違っているだろう。人類の理想が高まるにつれ、英雄時代は歴史のなかで何度も繰り返されてきた。数十万年前にアフリカの渓谷に暮らしていた人類の集団にとって、誰よりも早く渓谷の先に目を凝らして未知の世界への旅に出た仲間はヒーローだったかもしれない。アジアを横断し、勇敢にも舟に乗って大海原へ漕ぎ出して、ポリネシアに定住した初期の集団はおそらく、その家族や親戚にとってのヒーローだった。しかし、彼らの物語が語られていたとしてもそれははるか昔のことで、今はもう忘れ去られている。現代の私たちはこうしたヒーローたちに対し、当時の人びとほど深い敬意を抱くことはできない。

いわゆる英雄時代の前にヒロイズムがあったのと同様、私たちは目を見張る偉業の終点、つまり「人類初」の時代の終わりにいるわけでもない。さらに大きな挑戦が私たちを呼んでいる。ドライバーは私の精神状態を疑ってはいたものの、すぐにこの話題を避けようとしたわけではなかった。

「つまり、アームストロングの月面歩行やヒラリーとテンジンのエベレスト初登頂みたいなすごい『人類初』に、火星などのほかの惑星で挑戦できるとしたら、やってみるかい？」と私は水を向けた。

「うーん、まあね」とドライバーは答えた。彼はまだ、この会話がまともな方向に向かうとは思っていないようだ。その日の乗車時間は短かったので、ドライバーの考えを変えようとする時間はなく、火星への登山遠征の話をして彼を夢中にさせることはできなかった。とはいえ、読者の皆さんはせっかくこれを読んでくださっているのだから、その話を書いてみたいけれど、いいだろうか？

　ここでちょっと時間をとって、極地探検家も登山家もまだやっていないことをやってみよう。それは、遠征先から地球を除外することだ。英雄時代に対する考え方を変え、地球の境界に縛られず、太陽系の外縁部まで探検の境界線を広げてみる。すると、とたんに新たなフロンティアが見えてくる。往年の探検家たちが考えてもみなかった、ものすごいフロンティアが。

　こんな山を想像してみよう。その山はあまりにも巨大なので、頂上に立ったときに見えるのは、おなじみの水蒸気を含んだ青く薄い大気ではなく、宇宙だ。あなたを包む漆黒の闇には星が輝き、地平線には惑星の曲線を大気の薄い層が包んでいる。そこはオリンポス山の山頂だ。溶岩が何層にも重なってできた「盾状火山」である。周囲の地表からの高さは、エベレストの標高の二・五倍に当たる二万一〇〇〇メートル余りあり、太陽系の最高峰だ。その頂きに立った者は並はずれた偉業を達成したことになる。ヒラリーも敬服することだろう。

　とはいえ、単純に過去の栄光を新たな栄光に置き換えるわけにはいかない。火星のオリンポス山はエベレストとはまるで違い、その登頂は別種の冒険と考えたほうがいい。たとえば、エベレストに登るクライマーは高所に到達すると定期的に酸素ボンベの助けを借りる（なかには無酸素で登る者もいるが）。しかし、火星では大気の層が薄く、酸素もほとんどないから、オリンポス山に登る登山家は麓で歩き始めるときから頂上までずっと、宇宙服を着なければならない。唯一休める場所は、酸素を十分に詰めた与圧テントだ。そこでは数時間だけ宇宙服なしで休むことができる。

　旅は序盤から、山を取り囲んだ高さ六〇〇〇メートルもの絶壁を登るという苦行となる。宇宙服を着て、物資をたっぷり運びながらこんな崖を登るのは不可能にも思える。火星の重力は地球の八分の三しかなく、物資の重さはそのぶん軽くなるとしてもだ。だから、なかにはこの絶壁を避け、山の北側から登る登山家もいるだろう。麓の丘はあまり過酷ではなく、緩やかな山腹に到達しやすいからだ。

オリンポス山のほうがエベレストより楽な側面も一つある。ひたすら上へ上へと登るのではなく、ごつごつした溶岩原で、斜度およそ五度というほとんど登りと感じないほど緩やかな斜面をひたすら歩いていくという点だ。氷河もなければ、予期しない雪崩もなく、クレバスもない。ただし、その緩やかな斜面は距離にして三〇〇キロもあり、途方もなく続く。割れ目の多い火山岩の上をとぼとぼ歩く日が何日も続く。とがった岩石で宇宙服を切り裂かないように注意が必要だ。危険がいっぱいで気を張っていないといけないから、退屈している暇などないかもしれない。

頂上に立ったご褒美は、巨大なカルデラだ。縦六〇キロ、横九〇キロの楕円形で、かつては溶岩湖だった。溶岩を噴き出していた火口の名残である。カルデラの縁からは、登山家たちが酸素供給装置から吸った息をのむほどすばらしい、広大なマリネリス峡谷の絶景を望むことができる。その峡谷の長さは数千キロにも及び、深さは数キロメートルもある。グランドキャニオンをそこに入れたら、すっぽり収まるどころか、消えてなくなってしまうほどの規模だ。オリンポス山の頂上からは、火星のかすみがかったサーモン色の空を見下ろし、ところどころに浮かんだ火星の雲も見えるだろう。

登頂を果たした登山家たちは、広がった限界のなかで英雄時代を復活させたことになる。しかし、せっかくそこまで登ったのだったら、エベレストに登った登山家のように石を一個か二個拾って持ち帰ってくるだけで終わりにしてほしくない。オリンポス山の広大なカルデラでやるべきことはたくさんある。カルデラを調査すれば、火山活動がもっと活発だった頃の火星の歴史を知ることができる。熱と水が存在すれば、カルデラは生命が生存可能な環境だったかもしれない。オリンポス山に初めて登頂した登山家たちは、溶岩のサンプルと、火山の地下深部から地表への水の通り道に残った鉱物を採取するのがいいだろう。そうしたサンプルには太古の火星の歴史をひもとく手がかりが残されているほか、火星が長く深い冬の時代に入る一方で、私たちの地球が海と生命にあふれる惑星となった理由を知る手がかりもある。

火星は初めて足を踏み入れた人類の探検家にとって新しい世界ではあるが、地球に似た特徴もある。地球と同じように、火星の両極には水が凍った氷が分布する。それを、二酸化炭素の雪が季節的に降り積もった層が覆う。極冠の近くに立つか、その上空から見下ろすと、暗い赤紫色のさざ波のようなものが見えるだろう。くねくねした赤やオレンジ色の線が氷に沿って走っている。それは嵐に吹かれてきた太古の塵が降り積もり、降雪によって閉じ込められてできた地層だ。今では、何百万年もの火星の歴史が記録された宝庫となっている。さざ波状の地形は地質学者にとってのタイムカプセルであり、火星の気候の変化を教えてくれる。そこから、太陽系全体の最近の歴史をうかがい知ることができる。

こうした極冠の衛星画像を見ていると、そこを横断してみたいという気持ちがどうしても湧き上がってくる。もちろん、火星の北極点か南極点に宇宙船を着陸させ、氷にドリルで穴を開け、コアサンプルを採取して、それを地球に持ち帰ってくることはできる。しかし、重要なのはそこではない。この点が、地球でこれまでに行なわれてきた探検との大きな違いだ。人類が火星に降り立つ前であっても、私たちは地球上で肘掛け椅子にのんびり座って火星の極点を見ることができる。インターネットで検索すれば、火星のまわりを周回する人工衛星が撮影した非常に高精細の画像を見ることができるのだ。一方で、ロアール・アムンセン、ロバート・ファルコン・スコット、アーネスト・シャクルトンといった往年の探検家は想像力を働かせなければならなかった。彼らが訪れた場所を、誰も見たことがなかったからだ。彼らも、一般の人びとも、地球の極地という不毛の地がいかに孤立したすさまじい環境であるかを想像することしかできなかった。

火星の状況がどのようなものかを垣間見ることができるとはいえ、だからと言って、人類が火星の極地探検を簡単にできるというわけではない。私たちの勇敢な探検家は、火星の北極点をめざす極地横断の無支援の探検を大峡谷のカズマ・ボレアレ付近から始めることになるだろう。これは極地の氷に刻まれた広い谷で、そこから一〇〇〇キロを超える距離を移動して氷原を横断する。オリンポス山に登る登山家と同様、極地の探検家もこの長旅のあいだずっと宇宙服を着なければならない。宇宙服を脱げるのは、持ち運んでいる与圧テントのなかだけだ。それだけでもまだ助かる。ヘルメットと宇宙服を身につけたまま眠るのは大変だから。

極地の横断中に毎朝、太陽が白い地平線を照らし始めても、探検家の足元で新雪がざくざくと音を立てることはない。気温はマイナス一〇〇℃を下回り、雪はコンクリートぐらい硬いのだ。地球ならスキーやそりを使えば速く移動できるようになるが、火星ではそういうわけにはいかない。スキーやそりは、使おうとしてもたちまち砕け散ってしまうからだ。火星の極地を旅する探検家は加温式のブーツを履いて歩かなければならない。彼らが引っ張るコンテナには車輪やそりを付けるか、もっとよいのは加熱式のそりを付けることだ。火星の大気は薄いので、氷はいったん温まると、ぬかるんだ状態を通り越して、すぐに蒸発してしまう。そりを加熱することで、そりと氷のあいだに空気の薄い層ができ、物資を満載したコンテナを比較的楽に引っ張ることができるようになる。

北極点への徒歩の旅はおよそ八〇日かかる。歩いているときには、宇宙服をとおして食事や水をとることになる。ひょっとしたら食事は液体状で、積み荷の容器に入った栄養豊富なおいしいスープをチューブで吸うのかもしれない。探検家は必要な酸素をすべて持ち運ぶか、火星の大気から酸素を生成できる装置を運搬する。極地には水の氷が至るところにあるから、必要な水をすべて持っていくのは明らかに賢明ではない。加熱式の棒を使って氷を切断し、小さく切り取った氷塊を加圧しながら加熱し、そうしてできた水をろ過して塵や塩分を取り除けば、飲み水を得ることができる。

火星の極点の地形に変化はほとんどない。地平線まで見渡す限りほぼ真っ白で、ところどころに赤やオレンジ色の塵やくぼみが見えるぐらいだ。それらは氷が太陽光を浴びて不規則に蒸発した場所である。とはいえ、人工衛星の助けを借りながら地上で巧みにナビゲーションすることで、地理的な極点を見つけられるだろう。南極点到達に挑んだスコット隊は猛吹雪で身動きがとれなくなってその後消息を絶ったが、火星の極地探検ではホワイトアウトするような猛吹雪に遭うことはない。火星では探検家のバイザーを微風がなでることはあるだろうが、意気揚々と火星の荒野を進む彼らの笑顔に吹きつけるのはその程度の風だ。

この日、地球から何百万キロも離れた惑星で起きた出来事は、宇宙にとっては何の重要性もないが、人類にとっては永遠に大切なものとなる。英雄的な「人類初」が成し遂げられたのだ。こうした旅は象徴的なものだが、そこが重要な点である。人類が火星の極冠を歩けるようになる頃には、火星の極点そのものにロケットを着陸させることもできるようになっているだろう。最初に火星を歩いた人類は、それ以前のロケットによる旅の痕跡を見つけるかもしれない。はるか昔の気象観測所や補給物資のドラム缶が雪のふきだまりに埋もれて、火星の地表に凍りついている光景を目にするのだ。だが、気にする必要はない。これは困難に立ち向かった人類の物語の一つである。人びとがどんな言葉で中傷しようと、彼らの探検の物語は未来の世代を鼓舞し、人類の歴史に新たな時代を加えることだろう。こうした必要とされない冒険家たちが極地横断の復路を終え、ロケットに搭乗して故郷の惑星への帰路につくときにはたぶん、ボーリングコア、塵、水といった大量のサンプルも運ぶかもしれない。それらは火星の成り立ちや気候、生命を宿す可能性について新たな知見をもたらしてくれる。

地球上での人類の歴史と同じように、火星での極地横断はさらに大きな冒険の扉を開けるだろう。それは、惑星一周である。惑星一周は探検家にとっての金メダルだ。英雄時代のはるか前、探検家たちは地球を一周することによって、さまざまなやり方で偉業を達成してきた。ポルトガルの探検家フェルディナンド・マゼランとスペイン人の同僚であるファン・セバスティアン・エルカノの指揮の下、ヴィクトリア号は一五一九年から一五二二年にかけて大西洋と太平洋、インド洋を横断して世界一周を果たした。一九七九年には、イギリスの探検家ラヌルフ・ファインズのチームが、北極点と南極点を通る世界一周を成し遂げた。彼らの「トランスグローブ・エクスペディション」の出発点はイングランド。そこから南下して南極大陸を横断し、北上して北極点を通過した後、再び南下してイングランドに帰還し、世界一周を達成した。

火星では、マゼランとエルカノと同じように、赤道を一周することができる。距離にして二万一〇〇〇キロの遠征は、ひたすら砂漠を横断する旅だ（これは直線距離で、実際には地形に起伏があるので、移動距離はもっと長くなる）。これは途方もない日数を要する探検になるだろう。一つのクレーターや砂丘、岩場、小山を越えるだけで何日もかかる。とてつもなく単調な風景と、人や車両への危険が非常に大きいことを考えれば、この探検の成功は輝かしい偉業となる。想像を絶するほどの大冒険を成し遂げたあとに話を聞けば、人びとは深く心を動かされるだろう。

それでは、ファインズが達成したような両極を通る火星一周はどうだろうか？　私はその可能性にかなり前から興味を抱いてきた。私の想像では、火星一周の探検はまず北極の氷原を横断し、その後、極地付近の砂丘に到達する。そこから、探検隊は砂漠とクレーターを越え、南極の氷の縁辺にたどり着き、そこでいったんひと息ついてから、二回目の極地横断に挑む。出発点へと戻る復路では、オリンポス山に登頂する。意気揚々と出発点に帰ってくる頃には、探検隊は砂漠を一万九〇〇〇キロ、氷原を一四〇〇キロ、そして太陽系最高峰を七〇〇キロ踏破することになる。「人類初」の称号を手にしたいなら、これをやってみればいい。惑星一周の記録としては最長ではないのだが（地球一周はその二倍ほどある）、ほかの誰にもまねできないチャレンジとなるだろう。火星横断隊は歩くときは与圧された宇宙服を常に着用し、休むときは与圧テントに入らなければならないし、極端な低温にさらされるうえ、浸食された岩や塵がつくる風景が果てしなく続き、その岩や塵がマシンを破壊する。あなたにできるだろうか。

地球外に目を向ける冒険家には、ほかの可能性も山ほどある。月面一周や、天王星の衛星であるミランダの氷の絶壁を登るという挑戦をしてもいい。いつか、冥王星のメタンと窒素の雪原をぐるりと踏破する人さえ出てくるかもしれない。

人類のどの世代にとっても、過去の人びとには太刀打ちできないように思える。マゼランの偉業を考えると、彼とその船乗りたちが成し遂げた冒険の規模の大きさに呆然とするしかなくなってしまう。しかし二〇世紀には、先人たちに匹敵する偉業を成し遂げられると考えた小さな探検隊が、両極を通る地球一周という目標を掲げた。それぞれの世代ができる手立てとしては、限界をリセットし、人類の能力や可能性を再定義することだ。マゼランの時代には北極や南極は未知の地域だったから、彼は両極を通る地球一周をしようとは考えられなかった。そんな探検は可能性さえもなかったのだ。しかし、新たな知識や技術を得たことで、両極を通ることを思いついた探検家が、マゼランの挑戦に匹敵する地球一周に挑む道が開けた。

道具や技術が進歩したおかげで、今の子どもたちは宇宙探査がより身近になった世界に生まれてきた。スコットやアムンセン、ヒラリーの時代を切なげに懐かしむのではなく、限界を設定し直すことが必要だ。今や火星のオリンポス山の画像を見ることができるし、火星の極冠を横断する探検を計画することもできる。さらに、両極を通る火星一周の探検がどんなものか、詳しく語ることさえできるのだ。もちろん、こうした探検を今できるわけではないが、数十年後にはできる可能性はある。これは決して遠い未来の話ではない。大いなる探検の英雄時代が到来しようとしている。地球上で挑めるどんな探検よりも大きな挑戦が、あなたを待っているのだ。

今から数百年後、私たちは地球の探検家たちやその物語、彼らの勇気を称えることだろう。しかし、歴史書には、太陽系のなかでもきわめて過酷な環境に挑んだ探検家たちの偉業や瀕死の体験も盛り込まれ、読者を惹きつけることだろう。オリンポス山に登頂したナイルズ・ブランドリュー、火星の北極を陸路で初めて横断したエミリー・ホーキンズ、そして、初めて火星一周を果たしたウー・ウィーランとそのチーム。これらはあくまでも架空の名前だが、実際に達成する者は何という名前のどんな人物になるのか？　いつか人類は、勇気を新たな高みへと引き上げ、探究心を抱き続ける探検家に出会うことだろう。その探究心は、数十万年前に人類初の探検隊がアフリカの渓谷を出て以来、多くの人びとの心に火をつけてきた。

荒涼とした火星の絶景。巨大峡谷「マリネリス峡谷」が横切るように大地を刻む。

カリフォルニア州のサンフランシスコ国際空港からマウンテンビューまで乗ったタクシーのなかで。

第7章　火星は第二の地球になる？

フロリダ州のケネディ宇宙センターで国際宇宙ステーションに運ぶ実験装置の打ち上げに立ち会い、その近くのオーランドから飛行機でカリフォルニア州までやって来た。そこで何をやるかというと、地上実験だ。宇宙で行なう実験とまったく同じ実験を地上で行ない、低重力と地球の重力のもとでの結果を比較するのが目的である。実現までに一〇年もの歳月を要し、結果を見るのを楽しみにしていた。

その実験の目的は、微生物を利用した金属の抽出技術「バイオマイニング」の効果を検証することだった。地球では、微生物が数十億年前から岩石を分解してきた。だから、微生物は岩石から金属をうまく抽出してくれるだろう。科学者はまた、制御下にある環境で微生物を使って岩石から銅と金を抽出する工程を試験してきた。この方法は、シアン化物などの危険な化学物質を岩石に注ぐ従来の方法よりはるかに安全であり、有用な元素を抽出する代替手段となる。私たちの研究チームが知りたかったのは、さまざまな重力環境で同じ工程を使えるかどうかだった。そこには、いつか宇宙に漂う岩石や小惑星から微生物を使ってレアアース（希土類元素）などの貴重な鉱物を抽出できるのではないかとの期待がある。そのため、私たちは無重力環境で火星の重力を模倣する回転装置を使って、この工程をテストした。数カ月後、この小さな実験がうまくいったことがわかった。これで、低重力環境で初めてバイオマイニングが実証された。

カリフォルニアに着いてから、まずはホテルに向かう必要があった。タクシーに乗り込むと、ニュース番組が流れていて、世界情勢が伝えられていた。最初、ドライバーは黙っていたのだが、マウンテンビューに向けてハイウェイ101を走り始めると、彼女の関心はラジオから別のものに移った。

「世界にはいろんな問題があるんですね。そう思いません？」とドライバーは尋ねてきた。彼女は陽気で、おそらく三〇代。手振りを交えながら、穏やかな北カリフォルニアの訛りで話す。鮮やかなオレンジと赤のTシャツを着て、赤茶色の長い髪を肩に垂らしている。彼女の目は大きく、何かを言いたげで、見つめられると答えを求められているように感じ、ほとんど子どものように自分に注意を向けてほしいと訴えているようで、一瞬で心に残る色をしている。それは濃い茶色だ。

私は彼女の言葉にうなずいた。世界中で次々と問題が起きているようだ。世の中の雰囲気が悲観的になると、どんどん暗い方向へ向かっていくのは無理もない。「確かに争いだらけだ。石油から核兵器まであらゆるものに対立がある」と私は答えた。「とはいうものの、世界にはいいこともたくさんあるが」。私はそう言って、漠然とした希望を込めてみた。

「私たちは問題を解決しなくちゃいけないということですよね？　ほかに行くところはないですし」と彼女は言った。

これは私にとって、大はしゃぎしたくなるような発言だ。「つまり、ほかに住める惑星はないということ？」と私は聞いた。

「ええ、こんないいところ、ほかにはありませんよ。地球を脱出して月へ行くとか言ってる人もいますけど。まずはここで起きている問題を解決しないと」と彼女は言った。

彼女は宇宙探査に対してよくある批判の一つを口にした。地球でもっとましなことはできるし、宇宙へ行きたがっている人たちは、人間が地球をめちゃくちゃにしているからという理由で地球を脱出したいのだという主張だ。環境が劣化し、人口が増えるなか、単に地球を離れるというのはわかりやすい解決策ではある。ほかの惑星に行って、新たなすみかを見つける。第二の地球となる「惑星Ｂ」に出発だ。

こうした主張は何度も耳にしているが、これがもともとどこから来た話かというのはちょっとよくわからない。たぶん何かのテレビ番組か、本か、ほかのメディアが、意図的かどうかはともかく、人間が地球を破壊しているから宇宙に移住すべきだと言って、人びとがそれを信じたのだろう。あるいは、この誤解は特定の誰かのせいというわけではなく、宇宙探検をしたい人たちの熱狂が背景にあるのかもしれない。月や火星、さらにもっと遠くの惑星に居住するという話を熱く語ると、世間の人というのはいろいろと憶測するものだ。出所がどこであるにしろ、「ほかに行くところがない」という不満はとりわけ目に余る。その理由を説明したい。

実際のところ、私たちは確かに地球上で問題を抱えている。ここで「私たち」というのは人類全体を指すが、それぞれの場所に特有の問題があることはすぐにわかる。地球には八〇億人を超す人びとが暮らし、深刻な環境問題もあり、多種多様な形で政治的な対立が数多く起きている。ほかの惑星への移住が優れたバックアッププランだと考える人がいてもおかしくない。とりわけ、状況があまりにも悪化して、少なくとも人類が住めなくなった場合の代替策として考えられている。

一見、この考えにはある程度の理屈がある。惑星Bが必要だとの考えは面白みはないが賢明であり、宇宙に住みたいと思っている人たちが議論によく使う理屈の一つであることは確かだ。地質学的な歴史もこの議論を支持しているように思える。特に、恐竜を絶滅に追い込んだような大惨事がいつか起きるだろうから、惑星Bを探すべきだと主張する人たちがいる。

そうした絶滅のストーリー自体は人の心をとらえるもので、深く知れば知るほど、不安が増してくる。六六〇〇万年前、小惑星が地球に衝突し、膨大な量の塵やすすを巻き上げ、それが大気に入り込んで、地球は暗闇に包まれた。いわゆる「衝突の冬」だ。この大惨事で絶滅したのは、一億六五〇〇万年にわたって地上に君臨していた恐竜だけではない。あまり触れられない事実だが、あらゆる動物の約七五％が絶滅した。大絶滅が宇宙から来た天体によって引き起こされたという証拠は、一九八〇年代にカリフォルニア大学バークレー校の地質学者ウォルター・アルバレスと共同研究者らによって初めて発見された。大量絶滅が起きた白亜紀末期の岩石を調べていたところ、アルバレスは岩石のなかに希少な元素であるイリジウムが異常に多く含まれていることに気づいた。これは地球の地下深部と小惑星に最も多く含まれている元素だ。ふつうの火山噴火ではこれほどの量のイリジウムが放出されることはない。だから、アルバレスはこれが異変を引き起こすほど大規模な小惑星衝突の証拠であると推定した。

アルバレスの説を支持する証拠はほかにもあった。たとえば、ほかの研究者たちは同時代の地層で球状のガラス質の岩石を発見した。これは膨大な量の溶けた岩石が衝突によって地球全体に飛び散った証拠だ。現在のアメリカ合衆国が位置する大陸では、同時代に起きた大規模な津波による堆積物が見つかった。これは直径一〇キロの物体が高速で衝突した際に巨大な波が生じたことを示唆している。その地質境界にある微小な岩片もその証拠で、直径一〇キロの物体が地球に衝突したときに生じる巨大な衝撃波が地面を通じて伝わったことを示している。この出来事で放出されるエネルギーは膨大だ。何十億もの核兵器を一度に爆発させるほど激烈な惨事だったと言うしかたとえようがない。これは誇張ではない。一瞬のうちに、地球全体の表面が一変してしまったのだ。

前述のように、こうした衝突は遠い過去のようにも思え、原始の時代にしか起きないことだとも感じるのだが、地球は宇宙環境の一部であることには変わりなく、今後同じような衝突が起きることは、可能性というだけでなく、十分な時間があれば確実である。では、どれくらいの時間なのか？　月面や太陽系の岩石惑星にあるクレーターの数を数えれば、衝突がどれくらいの頻度で起きているかがある程度わかる。そこから導き出されたのは、生物の絶滅を引き起こす規模の小惑星衝突は一億年に一度ほど起きているという数字だ。これを見てほっとした読者もいるかもしれないが、もう少し掘り下げてみると不穏な事実が二つほど浮かび上がってくる。まず、この数字はそうした衝突が次に起きるのは三四〇〇万年後ということを意味するわけではない。一億年に一度というのはあくまでも平均であり、次の衝突の時期を知る指標としては使えない。もし明日、地球に小惑星が衝突して人類を含めた大部分の生物が絶滅し、人類がいなくなったあとの数億年は衝突が起きなかったとしても、この数字は正確であると言える。二つ目の不穏な事実は、絶滅を引き起こすほど大きな小惑星でなくとも、多大な被害をもたらすということだ。一九〇八年、シベリアのツングースカ上空で小惑星が爆発し、面積およそ二〇〇〇平方キロの森林を破壊した。この爆発が現代の都市の上空で起きれば、何百万人もの人びとが命を落とすおそれがある。この規模の衝突は数千年に一度起きている。これもまた平均値だから、次のツングースカ級の爆発が明日起きたとしても不思議ではない。

これは気が滅入る話ではあるが、希望を感じさせるのは、第4章に書いたとおり、人類は地球に衝突する可能性のある天体の地図を作成し、その軌道を変える方法を考案できることだ。軌道を変える方法の一つは、インパクター（衝突体）を小惑星に衝突させるという動力学的な手法だ。これはNASAのDARTミッションが行なっている。優秀なエンジニアたちはまた、小惑星の片側にレーザーを照射して表面の物質を蒸発させることで、小惑星の軌道を地球から少し遠ざける方法を考え出した。物質の蒸発によって噴き出した蒸気が小惑星の軌道を乱し、小惑星が地球にぶつかることなく通過することを期待した手法だが、そうするには地球に向かってくる小惑星をかなり早い段階でとらえる必要がある。

恐竜の絶滅と、絶滅を引き起こしうる出来事についての知識があり、小惑星の地図を作成する技術や軌道を変更できそうな技術をもっているのなら、なぜ私たちは運命に身を委ねるようなまねをするのか。なぜ破滅の日が来るのを待っているだけなのか？　読者の皆さん、これはいい質問だ。私たちの無関心ぶりに恐竜たちはあきれ返るだろう。私もそうだ。なぜ小惑星衝突の脅威をもっと真剣に受け止めないのかと、国内の宇宙機関に問い合わせてみてほしい。

もちろん、私たちがどれだけ力を尽くしても、小惑星の衝突を回避できないかもしれない。最高の技術を用いても、地球に衝突しそうな小惑星の検出や軌道変更に失敗する可能性はあるのだ。それに、私たちはまだ彗星について議論していない。彗星の軌道は位置の確認ができない太陽系の縁辺部まで及ぶことが多いうえ、彗星のスピードは小惑星よりもはるかに速いから、事前の警告をほとんど発する間もなく地球に衝突し、私たちが気づかないうちに人類を滅亡に追い込むことにもなりかねない。

ここに惑星Ｂがかかわってくる。私たちは宇宙からミサイルのように飛来する天体からしっかりと地球を守るための対策をとれない、あるいはとろうとしないとしても、人類の独立した居住地、つまり私たちの仲間が自給自足できる植民地をほかの惑星に設けることによって、ヒトという種が長期的に生き延びる確率を高めることができる。傷つきやすい私たちの青い惑星に何が起ころうとも、ほかの惑星に移住した仲間は生き延びる。もちろん、彼らもまた小惑星や彗星の衝突に見舞われるかもしれない。その確率は地球の仲間と同じだ。とはいえ、人類の文明全体が残る確率ははるかに高くなる。人類が地球と、たとえば火星の両方に居住していれば、太陽系全体が壊滅する大惨事が起きない限り、ヒトという種が滅ぶことはないだろう。

複数の惑星に居住する種として、人類はほかの災害にも比較的強くなる。ほかの惑星に移住するという保険をかけたことによって、超巨大火山の噴火による絶滅も防げるかもしれない。それは人類がこれまでの歴史で見たことがないほど大規模な噴火で、有毒ガスが大気に充満して、海と陸の生命を窒息させる。これも単なる想像ではない。大量絶滅という点では恐竜が注目されてばかりなのだが、ペルム紀末の絶滅はそれよりはるかに大規模だった。二億五〇〇〇万年前、地球上の動物の推定九八%がいっぺんに絶滅したのだ。最も有力な説では、大陸規模の火山噴火が原因か、少なくとも主要な原因の一つだったとされている。

そして、地球内部の熱源は決して絶えたわけではない。イエローストーン国立公園のぶくぶくと湧き上がる温泉と間欠泉、そして黄色や茶色、ピンク色、オレンジ色の鉱物や微生物を含んだ水は、地下に巨大なプルーム（マグマの上昇流）が存在することを示している。イエローストーンの活発なマグマはおよそ二〇〇万年前に噴火したあと、およそ一二〇万年前、そして六四万年前にも地表に噴き出した。二〇〇万年前の噴火はあまりにも激しく、直径八〇キロのクレーターを残したほどだ。この怪物が現代に目覚めたら、どうなるのか？　火山性のガスと粒子が噴出し、地球全体を冷やすことになる。詳細な影響は予測するのが難しい。恐竜を絶滅に追い込んだ「衝突の冬」に匹敵する大惨事となるおそれがある。少なくとも、世界経済を麻痺させるだろう。

ここで付け加えたいのは、人類はほかの惑星に移住するという保険をかけなかったとしても、衝突の冬やペルム紀末の絶滅のような大惨事で本当に滅亡するのか確証がないという点だ。いつもは気づかないかもしれないが、私たちは恐竜よりも賢いから、何らかの対処方法を考え出して絶滅を防ぐとも考えられる。六六〇〇万年前、最初の衝突とその後に起きた衝撃波や火事、洪水などを生き延びた生物は追い詰められ、その生存は運にのみ左右される状況だった。たいていの場合は運が尽きた。だが、トガリネズミに似た小型の哺乳類は地面に穴を掘り、植物の根を食べて、衰退した生物圏で命をつないだ。こうして生き延びた動物が、やがて私たちとなった。ほかには、ワニや空飛ぶ恐竜（つまり鳥類）も大惨事を乗り越えて生き延びた（これはあまり評価されていない事実だが、恐竜は白亜紀末にすべて絶滅したわけではなく、大部分が絶滅しただけだ。残りの恐竜は現在の地球で一万八〇〇〇種の鳥類となって元気に生き延びている。チキンサンドイッチを恐竜サンドイッチという名前に変えれば、日々の暮らしが面白くなるんじゃないかと、私は常々思っている。話が脱線してしまったが)。

爬虫類の先輩たちとは異なり、ヒトは創意工夫の能力を駆使して生き延びることができる。火山の噴出物や小惑星衝突の塵が大気中に充満したら、深刻な状況に陥るだろうが、人類にはこれまでの歴史で極限環境を生き抜いてきた経験がある。たとえば、カナダ北部に住むイヌイットは何千年も前から北極圏の冬を耐えてきた。暖房設備の整った温室で植物を育て、大きな洞窟で十分な数の家畜を飼育することで、人類の小さな集団を生かしておくことはできるかもしれない。その暮らしはみじめで過酷なものになるだろうが、そんな状況でも、少なくとも彼らは生き生きと過ごすことだろう。人類の社会は大幅に縮小するものの、それでも月や火星に建設する植民地よりはまだ大きいだろうから、惑星Bというのは、貧弱で瀬戸際に立たされた地球そのものとなる。ゆっくりと、しかし挑戦的に、人類の小さな集団は再起を図り、祖先のように大陸から大陸へと移動し、太平洋、アジア、ヨーロッパへと拡散することができる。生存者やその子孫は力を合わせ、再び人類の繁栄の時代を築くかもしれない。「衝突後の文明」とでも呼べるだろうか。

しかし、こうした話にはきわめて大きなリスクがある。小惑星衝突や火山噴火による災害をコンピュータでシミュレーションしたとしても、人類の社会が存続できるかどうかを正確に予測することはできないのだ。このような大惨事で起きる社会や自然の変化によって、おそらく私たちは大混乱に陥り、予想もつかないような結果がもたらされるだろう。ヒトは絶滅の淵をさまよい、小さな変化や予期しない出来事がどこかで起きただけで、存続するか、絶滅するかが決まる。どんなに優れた技術やノウハウがあっても、地球に築いた文明の未来は、恐竜の運命がそうだったように、時の運によって決まってしまうのかもしれない。

ここで、宇宙植民という保険の計画に立ち戻ろう。この保険にどれほどの効果があるのか？　植民地がどこであっても、最初に入植できる人の数はごく少数だろう。たぶん数十人か数百人かもしれない。かなり大胆な予測をして、火星に人口一〇〇万人規模の都市を築くと妄想したとしても、地球に八〇億人を超す人びとが住んでいることに比べれば、まだ少ない。正直なところ、火星に一〇〇万人が住んでいても、地球で八〇億人を超す人びとが死ぬと考えると気が滅入ってしまう。

とはいえ、ここで少し、こんな可能性を考えてみよう。私たちがほかの惑星に人類の文明をもう一つ確立できる技術的な能力をもつという可能性だ。今はそんな能力をもっていないが、真剣に取り組めば、この先一〇年以内にそうした技術を考え出せるかもしれない。地球に惑星規模の惨事が起きたときにそれに耐えられる技術を、もうひとがんばりで手に入れられるのだ。このチャンスをものにしない手はない。そうすれば、ヒトは地球の生物で初めて「多惑星」の種となる。これは人類の能力にふさわしい目標だと思う。

しかし、私たちは技術を追い求めるときに賢明になるべきだ。そうしないと、私の乗ったタクシーのドライバーのように罠に陥ってしまう。保険を緊急避難口と見なすという罠だ。この二つはまったく同じというわけではない。保険は災害に見舞われたときに効果を発揮するものだが、緊急避難口は私たち自身が災害を引き起こしたときの最後の手段である。

このように考えてみよう。保険を利用したいと思っている人はいない。それは、保険を請求したときに弁護士や損害鑑定人がケチだからというだけではない。もっと重要なのは、自分が被保険者になったときの苦労を味わいたい人がいないということだ。これは宇宙植民という保険にも言える。ほかの惑星への移住にどれだけ夢中になっている人でも、本当のところ自分自身が行きたいと思っている人はいない。太陽系のほかの天体は地球よりもはるかに住みにくい。たとえば、月がどれだけ過酷な環境か書いたほうがいいだろうか？　放射線量は高いし、液体の水はないし、見渡す限り荒涼とした灰色の風景が広がるだけだ。生命は存在せず、音もなく、気温はあらゆるものが凍りつく極低温から水が沸騰する超高温まで寒暖差が激しい。月と比べれば穏やかな環境だから火星に住めばいいと考えている人のためにも書いておこう。火星は太陽系で最も地球に近い惑星だが、平均気温はマイナス六〇℃で、大気に酸素はほとんどなく、地面の塵は有毒で、放射線量がきわめて高く、生命の兆候も見当たらず、見渡す限り赤とオレンジ色、茶色の塵が、火山活動でできた風景を覆っている。

つまり、簡単に言うとこうなる。破壊し尽くされた状態であったとしても、地球の環境は月や火星に比べれば人間に適しているということだ。月や火星を安心できる第二の故郷と考え、人類がこの世界をめちゃくちゃに破壊した場合に避難できる場所と見なすのは、思い違いもいいところである。

地球が私たちを支える本来の能力をもち続けている限り、多惑星計画は最後の手段とすべきだ。太陽系に人類のほかの居住地を築こうとすることは、資源やエネルギーなど、宇宙の恩恵を地球に持ち帰れる場合にだけ行なうべきである。その過程で、私たちは恐竜とは異なり、大惨事の影響を受けにくくなる。しかし、大惨事が起きない限り、当分の間は地球が人類にとって最高の場所であるということを少しでも疑うべきではない。

ほかの惑星を冬でも快適な別荘と見なす社会には、これよりはるかに恐ろしい問題が潜んでいる。フロリダのビーチサイドに立つコンドミニアムで、ミシガン州の住民が一月にバーベキューパーティーを開くみたいな考え方をすると、私たちの地球を軽視する考えを助長することになる。火星があるんだから、地球などなくてもいいという考えだ。宇宙計画を支持している多くの人はこんな考えをもっていないと思う。人類を多惑星種にしたいと思っている人たちでさえ、多惑星化をバックアッププランと考えるのがふつうで、無頓着な消費者によって使い果たされた地球から逃げるための意図的な計画ではない。しかし、タクシードライバーの言葉が示唆するように、宇宙植民という保険の目的は世間にあまり理解されていない。別に、ドライバーがそういう考えをもっていることを責めているわけではない。宇宙探査は単に保険をかけるためというより、故郷を出るのが目的ではないかと考える人がいるのも無理はない。

このように考えている読者がいるとしたら、あなたはおそらく何らかの保険をかけているのだろう。保険を自分で使いたいと思っていなくても、あるいは保険の掛け金を払いたくなくても、自分の金銭的負担が減るからと言って自分の家や車、高級な楽器、祖母の形見を燃やすつもりがなくてもだ。それと同じように、地球環境に配慮することと、ヒトという種に対して保険をかけることは矛盾しない。どれだけ汚染を抑制し、気候変動と海面上昇に強い社会を築いたとしても、国と国の和平を確立するためにどれだけ力を尽くしても、この宇宙で避けられない小惑星の衝突から地球をどれだけ守ろうとしても、絶妙なバランスを保った地球のシステムが一瞬にして狂い、私たちに落ち度がなくても人類が滅びる可能性は依然としてある。

多惑星種となる保険をかけても「保険金」が下りない可能性もある。最も楽観的な計画でも、ペルム紀末の絶滅のような事態からは文明を守れないかもしれない。地球が大惨事から徐々に回復して人類が住めるようになるまで、火星の植民地が持ちこたえられるとは限らないからだ。とはいえ、私たちに多惑星の未来をめざす能力があるのなら、少なくとも試すぐらいはしてみてもいいのではないだろうか？　宇宙植民をめざしたいという動機にはメリットがあるように思う。

だから、火星は惑星Ｂとなる可能性を秘めているが、惑星Ｂはシーサイドのコンドミニアムではない。惑星Ｂは人類の未来に対する最も悲観的な予測、つまり絶滅を防ぐ対策の一つだ。惑星Ｂは、故郷にいる仲間たちが排水路に張りついた氷のダムをたたき割っているあいだに、あなたが日光浴を楽しむような場所ではないのである。大惨事のあと、地球が再生するまで人類の命をつないでいく場所だ。だから、惑星Ｂを築くのと同時に私たちの楽園を大切にしなければ、惑星Ｂを築く意味はない。

地球はこの太陽系で唯一無二の存在だからである。

この 1899 年の写真は二重露光で撮影したものだ。しかし、こんな高度な撮影技術がなくても、幽霊を見つけることができる。これは量子物理学の教えの一つだ。

中国での仕事から帰国し、エディンバラ空港から乗ったタクシーのなかで。

第8章　幽霊はいる？

天気の話題がきっかけとなって、宇宙の性質と私たちの存在について深く考えることはあまりない。その日、私は北京からの長いフライトを終えたばかりで、会話は時差ボケと疲労についての話題から始まった。ひょっとしたら、疲れきった私の脳みそは何かすがるものを必要としていたのかもしれない。だから、タクシーのドライバーが何かを言ったとき、しばらく頭のなかで考えていた事柄を思い出した。それは、この世界が本当は何でできているかを純粋に物理学的に理解することだ。

タクシーがエディンバラ空港を出てバイパスに向かい始めると、ドライバーがまず会話の口火を切った。彼はおそらく五〇代で、大きな毛皮の襟がついた茶色の厚い上着を着ていた。丸い眼鏡をかけ、頭髪は薄く、背筋をぴんと伸ばし、やや横柄な口調が博識の校長みたいな雰囲気を醸し出していた。

「何だかおかしな天気ですな」とドライバーは言った。私は天気について、とりたてて言いたいことはなかった。その日まで二週間、北京に滞在していて、生物学と宇宙探査について講義していたからだ。北京大学の研究仲間からの招きだった。専門的なゼミの合間に、北京天文館で宇宙探査の専門家を夢見る中国の熱心な若者たちに向けて話す機会もあった。一二月の寒さはピリッと身が引き締まるようだったが、すっきりした気分にもなった。私がいないあいだはどんな天気だったのか、ドライバーに尋ねてみた。

「見た目とは違うんだ。わからないと思うが、ほら、あの雲。一面どんよりとした灰色をしている。いかにも雪が降りそうだと思うが、そのうち雲が晴れて、暖かくなる。しかし、きのうは雨だった。天気予報はテレビで見られるんだが、当たるとは限らない。私みたいに車で走り回っていると、次に何が起きるかわからないんだよ。物事は見た目とは違う」

物事は見た目とは違う。これは比較的当たり障りのない言葉ではある。だが、その言葉のなかには、何千年にも及ぶ難解かつ多様な思考がある。私たちが見ているものは本物なのか？　頭部に備わった二つの球体を通して何かを見ると、そこから届けられる情報を脳が処理する。このとき見ているものは、見た目のとおりのものなのか？　この現実全体が一つの壮大な幻想ということはありうるのか？古代の哲学者はこの問題を非常に好んで探究していた。近年では、科学者、脚本家、そしてあらゆる種類の想像力豊かな人たちが、私たち全員は地球外生命によってプログラムされたコンピュータ・シミュレーションのなかに暮らしているかもしれないとの説を考察している。

いくつかの点で、科学者が宇宙について解明した真実は、私たちが宇宙人のコンピュータゲームのキャラクターだという説よりはるかに奇妙だ。たとえば、私が幽霊を信じているだけでなく、幽霊が存在していることを知っていると言ったら、あなたはどう思うだろうか？　きっと興味をそそられるだろうし、あなたが科学者ならば、何てだまされやすいんだとあきれるかもしれない。それでも幽霊はいる。いや、死んだ祖先とか、ほかの超自然現象のことを言っているのではない。あなたを含めたすべての物事について言っている。この風変わりな主張のことを理解するには、私たちがまわりの世界をどのように知覚しているかをある程度知らなければならない。

プラトンは人類を洞窟に住む人びとの集団にたとえたことが知られている。彼らが見る外の世界は、何かがたまたま洞窟の出口のそばを通り過ぎたときに壁面に映る影だけであり、複雑な現実世界のごく一部を垣間見るにすぎない。しかし、科学の方法と器具を手に入れたことで、私たちは洞窟から解き放たれた。自由に探索できるようになったことで、プラトンの洞窟に住む人びとは現実の自然界がどのように形成されているかをある程度理解できた。その理解は常に限られていたことは確かだが、私たちはプラトンが考えたほど無知のままであり続けたわけではない。私たちがこれまでに発見してきたものは、おそらくプラトンの想像よりはるかに奇妙なものだ。誰かがタイムマシンに乗って古代のアテネまで行き、私たちが発見してきた知識をすべて伝えたとすれば、偉大な哲学者は現実の知覚に関する自分のたとえがどれほど的を射ていたか知ってびっくりするのではないか。その一方で、明らかになった宇宙の基本的な構造がどれほど奇妙であるかを知って唖然とするに違いない。

古代の人びとにとって、世界は安定していて何の心配もないように見えた。おそらくあなたもそう思っているだろう。あなたがこの本を手に取ったとき、何の疑いもなく予想どおりに指で本をつかんだ。本棚やテーブルから持ち上げるとき、本はあなたの手の動きに従って目の前までやってくる。本を開くと、その向こうが見えるのではなく、あなたの目は丈夫な紙の上に印刷された黒い文字に向けられる。そして、その何枚もの紙は長方形の物質の塊としてしっかりとまとめられている。

古代の人びとも日常生活のなかで同じ体験をし、世界について重要な結論を導き出した。世界は微小な物質の塊でできている、という結論だ。本も馬も椅子も、あらゆるものがそうした塊がくっつき合って形成されていると彼らは推測した。もちろん、この点に関しては、ギリシャ人もほかの人も生物と無生物の物体は異なるものと考えていた。ヒトやその他の生物と椅子や本は違うと区別して安心していたのだ。しかし、その区別がどのようなものであったにしろ、あなたや私、ソファといった物体には、彼らにとって同じ安定感があった。すべての物体が同じような物質でできていると考えられたからだ。

その物質について記述した人物のなかで最も大きな影響を及ぼしたのが、哲学者のデモクリトスだ。宇宙のあらゆるものは不可分の粒子で形成されているとの説を提唱した人物である。デモクリトスの説はあまりにも魅力的で、数千年たったあとも依然として大きな影響力をもっていた。一九世紀に差しかかる頃でさえ、イングランドのマンチェスターで研究の大部分を行なった化学者のジョン・ドルトンは、物質界は微小な硬い球体で構成されているとのモデルを提唱した。ドルトンはこの球体を「アトム（原子）」と呼んだ。これはギリシャ語で「これ以上分割できない」という意味の「アトモス」から名づけた用語だ。それぞれの元素が独特の原子で構成され、食塩などの化合物はこれらの微小な球体がそれぞれ異なる組合せでくっつき合ってできているとされた。ドルトンの説は近代化学の知識を盛り込んではいるものの、デモクリトスの説にぴったりと寄り添っている。二人とも宇宙でそれ以上分割できない粒子に行き着いたと考えていた。

それから一世紀後、日常生活で感じる安定感はまだ残っていた。それは、電子の発見で原子の科学モデルががらりと変わったあとも同じだった。一八九七年、同じくイングランドの科学者Ｊ・Ｊ・トムソンが、陰極線管（これはやがてテレビ画面やコンピュータのモニターの中核として何十年も活躍することになる）を使って実験をした。陰極に電流を流したとき、放出された粒子が磁場と電荷を帯びたプレートによってどのように変化するかを研究することで、トムソンは原子全体よりはるかに小さな粒子が生じることを示し、それは原子の断片か一部であるに違いないと考えた。さらに、粒子の放出を促す電極の素材を変えてもその挙動に変化はなかった。これはその粒子が普遍的な性質をもっていることを示している。トムソンはあらゆる元素に共通の亜原子粒子（原子よりも小さい粒子）を発見したということであり、これは原子が分割可能であること、そして元素はそれぞれ独特な原子で形成されているわけではないことの証明となった。それだけでなく、電子がはかない存在であるという性質から、原子は安定したものではないことが示唆された。その構造には、何かしらはかなく変わりやすい性質があるということだ。

この直感は正しかったが、私たちが日常生活で経験している安定感が消えることはなかった。そのため、この変わりやすい微小な断片（電子）は、正電荷を帯びた雲のなかに閉じ込められていると考えられた。原子は単純な硬い球体ではなく「干しぶどう入りプディング」のようなもの、つまり、分割できない均一なものではなく、ふわふわしたデザートだという考え方に変わったのだ。原子は正電荷を帯びた塊のなかに負電荷を帯びた干しぶどうが散らばっているようなもので、全体として電荷をもたない。ここで「全体」という言葉が大切だ。分割できないものではなくなったのに、原子は依然として安定している。あらゆるパーツがしっかりとまとまっているのだ。

それはなぜなのか？　結局のところ、私たちのまわりの物体は安定しているし、それは私たち自身も同じだ。あなたの手を目の前に上げて見てみると、二つの性質にはっきりと気づくだろう。一つは、ほかの物体で手を貫くのは簡単でない点。もちろん本気でやれば貫けるが、病院送りになるのがオチだ。だから、私たちは確かに安定した物質でできている。もう一つは、手の向こう側が見えない点だ。強力な懐中電灯の光を手の片側に当てれば、半透明の肉体を通して、手の反対側からその光が見えるかもしれないが、このうすぼんやりした光は、私たちが固い物質からつくられているという確信を強くする。

数千年にもわたって続いてきたこの確信は、トムソンの研究のおかげで失われ始めたが、完全に消えるのはもう一世代後のこととなる。その変化のキーパーソンの一人が、トムソンの教え子である物理学者のアーネスト・ラザフォードだ。ラザフォードはひとかけらの金を使って原子の秘密を解き明かそうとした。真空容器のなかに垂らした金箔に向けて、アルファ粒子（彼がそれ以前に発見した放射線）のビームを照射した。この実験をいっしょに行なったのは、アルファ粒子の測定装置を製作したハンス・ガイガーと、ガイガーの教え子であるアーネスト・マースデンだった。

金箔に照射したアルファ粒子は実際には正電荷を帯びたヘリウムで、二個の陽子と二個の中性子からなり、電子を含んでいない。ガイガーとマースデンは測定装置を使って、金箔を通り抜けた粒子の数を数えた。すると、彼らは非常に興味深いことを発見した。粒子の大半は金箔をまっすぐ通り抜けたが、ごく一部はそうではなかった。それどころか通過しても大きくそれたり、照射装置のほうへ跳ね返ったりしてしまったのだ。この実験結果を説明するためには、何かが粒子の通過を阻んだと考えるしかない。同じ電荷のものどうしは反発し合うから、何かが正電荷を帯びているということだ。しかしなぜ、正電荷を帯びたヘリウムであるアルファ粒子のごく一部だけが進路をそれる一方で、粒子の大半が金箔をまっすぐ通り抜けたのだろうか？　アルファ粒子は安定した物質である金箔をどのように通過したのか？

つまるところ、金は中身がぎっしり詰まっているわけではないというのが最も妥当な説明だ。金を構成する原子には正電荷を帯びた原子核が含まれているが、原子核は原子全体の大きさに比べてはるかに小さく、アルファ粒子はその影響をほとんど受けない。ラザフォードが計算したところ、原子核は原子の大きさのおよそ一万分の一しかないことがわかった。アルファ粒子にとって、原子の容積の九九％以上が何もない空間であるということだ。つまり、原子は「干しぶどう入りプディング」などではないし、正電荷を帯びた媒質のなかに負電荷を帯びた電子が散在しているわけでもなく、正電荷を帯びた中心部のまわりはほぼ何もない空間で、いくつかの電子が飛び回っているだけである。

ラザフォードが一九一一年に提唱した新たな原子モデルは画期的ではあったが、それ以前のいくつかの説はまだ消えなかった。特に、ラザフォードは原子核自体や電子自体の安定性を疑ってはいなかったのだ。それと時を同じくして、デンマークで研究していたニールス・ボーアが、電子に関する知識を深めようとしていた。それは安定性に関する以前の説を裏づけるようなものだ。ボーアの発見によれば、電子は一や一〇など、決まった量のエネルギーをもつが、その量は離散的でそのあいだの量はない。それはまるで、全力疾走するか、ゆっくり歩くかするだけで、その中間のスピードで進むことはないということだ。この発見は難解に思えるかもしれないが、新たな原子像を肉付けしたという点で大きな成果を生んだ。ボーアの発見はまた、ラザフォードのモデルで原子核を周回する電子の位置はランダムではなく、電子はその固有のエネルギー準位に応じた一定の距離を保って原子核を周回していることを示唆していた。

この原子像が想起するイメージは、惑星が太陽のまわりを回る様子とぴったり一致し、最大規模と最小規模の物理現象が美しく共鳴し合う姿を提示している。人間の心というのはこの種の整合性が好きだ。知識にエレガントな簡潔さと構造をもたらしてくれるからで、この場合、宇宙から原子まで自然界全体を通じて一貫したデザインがあることを示している。そして、原子は身のまわりのあらゆるものと同じように、手で触れられ、目で見え、頭で理解できるという証拠でもあった。

しかし、科学者がこれまで学んできたように、自然は人間がつくった簡潔なストーリーのことなど気にもかけていない。電子に離散的なエネルギー準位があるというボーアの説は正しかったものの、ほかの実験から、電子はそのように整然とした軌道をもっていないことがわかった。原子はミニチュアの太陽系などではないということだ。電子は確固たる軌道をもっていないばかりか、電子自体も確固たる存在ではないのである。

この全世界を揺るがす大発見を成し遂げたのは、フランスの物理学者ルイ・ド・ブロイだった。電子は「二重人格」であり、古来の世界観と合致するように安定した微粒子として振る舞うことがある一方で、池の水面に生じたさざ波のような挙動を示すことがあるというのだ。この説は物質に対する一般的な見方を揺るがすものだった。私たちは波動と個別の粒子を同じものとは見なさない。

とはいえ、物体が粒子のように振る舞うこともあれば、波のように振る舞うこともあるという考え方に納得することはできる。水はある程度高い温度では液体として波打ち、十分低い温度になると固体になるからだ。しかし、電子の性質には奇妙なことがあった。科学者がまもなく発見したように、電子は時には粒子、時には波動になるのではない。電子は同時に粒子でもあり、波動でもあるのだ。しかも、行なう実験の種類に応じてどちらかの性質を表に出すことができる。

こうして生まれたのが、原子を量子論的に見る考え方だ。この難解な理論の扉は、ドイツの物理学者であるヴェルナー・ハイゼンベルクとエルヴィン・シュレーディンガーによってこじ開けられた。旧来の安定性を支持する人びとにとって恐ろしいことに、量子論が意味するものの一つに、電子がある瞬間にどこに位置しているかを特定できないことがある。電子を押したり突いたりすると、電子は実験装置のなかでぴたりと止まっているように見え、部屋にある椅子やテーブルと同様、特定の場所に位置しているかのように思える。しかし、これは実験で人為的に操作された結果であることがわかった。実際には、電子は原子核のまわりのあらゆる場所に点在し、電子がある瞬間にある場所に存在する確率しか示すことができない。これはまるで、あなたが私のいる場所を尋ねたとき、私は五〇％の確率でエディンバラ空港にいて、五〇％の確率で職場にいると答えるようなものだ。私たちがふだん接する物質のスケールでこんなことを言うと、私の頭がおかしいのではないかと心配されることだろう。しかし、量子の世界では、これはまったくふつうのことだ。電子は決まった軌道の上を移動するのではなく、原子核のまわりにぼんやりと存在する確率場に位置している。観測しようとしたときにはその位置がわかるのだが、それ以外のときは決まった場所にいるわけではない。どの場所であっても、電子が存在する確率は等しくあるのだ。

この見方の意味を無視することは簡単で、私たちのほぼ全員がほとんどの時間そうしている。しかし、じっくり考えてみると、量子論は物質の本質に対する理解を一変させるものだと気づく。たとえば、こんなふうに考えてみよう。バス停に立っている人物や、スーパーから出てきた人物は原子でできている、つまり、人物のほぼすべてはぼんやりした電子の確率場でできている、と。もちろん、これは量子スケールの話だから、科学者気取りの人物がよくするように、日常のスケールで起きていることと混同してはいけない。カフェであなたの目の前に座っている友人は、実際にそこにいるのであり、さまざまな場所に分散して存在しているわけではないのだ。とはいえ、友人をつくっている原子一つひとつの原子核のまわりにある電子の位置を正確に特定することはできない。友人をつくっている物質は主に、曖昧模糊とした電子の確率場である。言い換えれば、友人の体の大部分は幻影。まさに幽霊だ。それはあなたも同じ。

なぜ量子スケールで起きていることは、日常の体験と食い違っているのか？　ここで、あなたの体についてよく知っている二つの特徴に立ち戻って考えてみよう。一つ目は、何かが手を通り抜けるのは容易ではないということ。あなたは曖昧模糊とした確率場でできているという事実はあるものの、隣り合った原子と原子のあいだにはきわめて強い斥力が働いている。異なる原子に含まれる同じ電荷の電子が反発し合うほか、正電荷を帯びた陽子どうしも反発するから、物体はほかの物体を簡単には通り抜けられず、揺るぎない安定性をもっているように見える。物体を強引に貫こうとして病院に運び込まれたとしても、安定性を打ち破ったことにはならず、一つの物体を複数の断片に分けたにすぎない。

体という幻影は、私たちがよく知るもう一つの性質によってさらに強まる。それは固体や多くの液体が不透明に見えるという性質だ。あなたの手に光を当てたときに見えるのは、光子と呼ばれる微小な粒子が何兆個も手に照射されている光景だ。光子はランプなどから放たれ、あなたの手の原子に当たって反射し、やがて（というよりもあっという間に）あなたの眼球に飛び込み、そこから視神経に入る。これ自体が量子の世界に入る「ウサギの穴」だ。光子はビリヤード台の球のように陽子をはじき出すのではなく、むしろ原子内の電子に吸収されたあと、再び放出されるからである。光が顕微鏡レベルで反射するしくみを詳しく知る必要があるのは量子物理学者だけだ。私たち一般人にとって大切なのは、光子を再び放出するという原子の性質が、物質を安定しているように見せるということである。

この幽霊のような物質の斥力と光子に対する反応こそが、私たちを惑わし、物質に欠かせない連続性があると思わせる。この幻影はあまりにも強いので、私たちはこれ以外の方法で世界を経験することができない。とはいえ、違った見方をするように自分を訓練することはできる。カフェにいる友だちの外見の裏側をのぞいてみよう。光子と原子の斥力のベールを貫き、目に見えない何兆個もの微小な原子核が曖昧模糊とした確率場に囲まれた幽霊として、友だちを見てみるのだ。あなたの想像力を駆使してこれを三回か四回やれば、きっと以前のように世界を見られなくなる。リンゴでさえ、以前のようには見えなくなるだろう。

私の説明よりもはるかに魅力的なのが、物理学者のエドワード・パーセルが一九五二年にノーベル物理学賞を授与されたときに行なった記念講演だ。このときの受賞理由は「核磁気共鳴の発見」。今や核磁気共鳴という現象は、細菌の分子構造や医療の診断目的で人間の体内を調べるなど、さまざまな用途に使われている。「この繊細な動きは身のまわりのあらゆるものに備わっているはずで、それを探す者にしか姿を現さない。私はそれを不思議に思う気持ち、そして喜ぶ気持ちをまだ失っていない」。パーセルは自分が発見した核磁気共鳴について、ノーベル賞委員会にそう語った。「最初の実験を行なった冬、あれはほんの七年前だったが、雪を新たな目で見たのを覚えている。玄関前の階段に積もっていた雪が、地球の磁場のなかで人知れず歳差運動する陽子の山のように見えたのだ。一瞬でも世界を豊かで奇妙なものとして見ることは、幾多の発見という自分だけのご褒美となる」

　もちろん、世界をこのように見なければ大発見ができないのかというと、そういうわけではない。身のまわりの世界を斬新な手法で見た最初の人物になるのはすばらしいことではある。とはいえ、寒い冬の朝に積もっている雪を見て、微小な原子の粒子がぐるぐる回っている姿を少しのあいだ想像することは、誰でもできる。パーセルはそれを教えてくれたのかもしれないが、そのように見る能力をもった唯一の人間というわけではない。その能力は科学的な研究の賜物だ。その恩恵を得たことで、私たちはプラトンの洞窟から抜け出し、物事の本当の姿を見ることができるようになった。世界について何か発見したら必ず物事の見方が一変するわけではない（一変することもあるのだが）。少なくとも、発見は私たちが経験していることを説明してくれる。何かをひらめいた瞬間、私たちは偽りの生活を送ってきたことに気づくのではなく、一見単純な物事が実際には驚きに満ちた光景であること、影に隠れた複雑な現実を垣間見せる演劇であることに気づくのだ。私たちは日々、この劇場のなかで暮らしている。

プラトンによる洞窟のたとえが二五〇〇年後の今も注目される理由はここにある。洞窟に映った影は嘘でも錯覚でもないことに、プラトンは気づいていた。それは現実に起きている現象であるが、その裏には、いくつものほかの現実が隠れているということだ。誰かが歩いて通り過ぎるときに光を遮り、通り抜けた光だけが洞窟の壁を照らす。そのとき見えた影は私たちが感知できないものであって、たとえ感知できなくても世界の一部であることに変わりはない。ある意味で、私たちは洞窟を出て、通り過ぎる人を見てきたが、今ではそうした人たち自体が視覚上の錯覚、つまり別の形の影であることがわかっている。光子の反射、そして原子の斥力は私たちの頭のなかに異なる像を映し出している。しかし、科学の道具と方法を用いることで、私たちはこの新たなゆがみのしくみを解き明かし、私たちの幽霊みたいな姿の正体を見ることができた。しかし、これで満足すべきでない。私たち自身に対するこの見方のさらに裏側に、宇宙に関するどんな現実が潜んでいるのか。それを探究し続けるべきだ。

ここで考えてほしいもう一つの見方がある。今までよりもさらにもう一段階奇妙な考えだと思うかもしれないが、もし時間があったら、ちょっと試してみてほしい。この惑星に知的生命が存在することがいかにすばらしいことか、これまでの章で考えてもらった。私たちは身のまわりのことに思いをめぐらし、宇宙の起源について思案し、地球外生命について考える。そうした思考にしばらくふけると、それは魅力にあふれ、可能性に満ちていると気づくだろう。この思考と、前に私が考えてほしいといった思考を融合してみよう。

ここでちょっと、九九％以上が無である物質の雲を頭に思い描こう。電子の確率場という単なる雲のようなものが一つの惑星に点々と存在する。それは、広大な電子の確率場のなかに陽子と中性子が散らばり、それらが一つにまとまった集まりにすぎない。この幽霊のような電子の雲が、互いにコミュニケーションをとり、この広大な宇宙に、やり取りやコミュニケーションを行なう電子の確率場がほかにもあるかどうか思案している。この幽霊の雲は確率場どうしでやり取りしたエネルギーを用いて、彼らが暮らす宇宙の性質の計算や視覚化、予測を行なう。生き物は生き物でさえなく、確率場であるのに、何もかもを知ることができる。こんなことができるなんて、すごいことではないだろうか。こうした確率場の雲が粒子加速器という名のほかの確率場を組み立て、粒子どうしを衝突させて研究することができるし、巨大電波望遠鏡という名の確率場を建造して宇宙の彼方から来た陽子を集めることもできる。生命の世界、この宇宙全体は、粒子とその確率場の策略とやり取りで成り立っているにすぎないのだ。

現実を幽霊の雲のようにとらえる見方を初めて意識的に行なったとき（日常の作業をやっているときにもよく気にするほど意識的に行なっていた）、私は永遠に魅了され続けるような感覚を覚えた。その感覚はいつまでもなくならなかった。今でも通りを歩いているとき、歩道を歩いている仲間の本当の姿を想像してしまう。仕事場に向かう幽霊、仲間の確率場の雲、そのほとんどが無だ。電子の雲に魅力を感じるとか、人の笑顔に量子の確率関数を見いだしてしまう私は、もはや正気ではないのか？　確率関数が集まった雲が怒り出すのを見て楽しみたいという理由だけで、電子の雲をいらいらさせると面白いのではないか？　でも、私はそんな誘惑をぐっとこらえている。確率場の集まりどうしがエチケットを守るという不条理もまた楽しいからだ。原子よりも小さな粒子どうしが仲良くし合っていると考えるのは独特のおかしさがある。全体として、空虚と確率関数の集まりであるあなたが何かしら他者のことを気づかってみるのはいいことだと、私は考える。そうしないと、現実は耐えられないこともあるからだ。

地球外生命の探索に心を奪われるのはたやすいし、宇宙人と交信すれば科学界にとって重要な出来事になることは確かだ。しかし、私たち自身を深く探究することで生命や宇宙について何が見つけられるか、その可能性を決して見くびってはいけない。私たち自身が幽霊のような姿であることを明らかにすることで、物理学は私たちがどんなＳＦ作家の想像した宇宙人より奇妙な存在であることを示した。私たちは内側を見ることにより、自分のなかに宇宙人を見いだしたのだ。

宇宙人の動機は何だろうか？　私たちが知的な地球外生命に出会っていないとしたら、それは彼らが私たちに干渉するのではなく、私たちを観察したいからかもしれない。サファリパークを訪れた観光客のようなものだ。

スウィンドン駅からポラリス・ハウスにあるイギリス宇宙局まで乗ったタクシーのなかで。

第9章　私たちは宇宙人の動物園の展示物なのか？

スウィンドンのことは詳しくない。そこはイギリスの科学研究協議会がある場所だが、それまで詳しく知る機会がなかったのだ。タクシーの後部座席に飛び乗り、ラウンドアバウト（環状交差点）を通過し、橋の下を通り過ぎたあと、ドライバーに尋ねてみようと考えた。

「スウィンドンって、どんなところかな？」と私は聞いた。

ドライバーはくすくす笑い、座席でもぞもぞ体を動かした。

「好きですよ」と彼女は答えた。この場所を誇りに思う気持ちを示すように、彼女は緑色の革のジャケットにしわを寄せ、座席で背筋を伸ばして、パーマした黒髪を整えた。身なりがよく、一九八〇年代の雰囲気を残していた。たぶんその時代にスウィンドンのような場所で一〇代を過ごしたのだろう。

彼女の意見に反対する理由はなかった。その日はぱっとしない曇りだったが、街は十分楽しそうに見えた。何人かがパブの外を歩き回り、大型の食料品店の端に人だかりができていた。一〇代の女の子がテントのドアの隣に立ち、友だちが髪を編んでいるそばで、ソーセージロールを頬張っていた。

私がこの地を訪れたのは助成金の申請書を審査する委員会で座長を務めるためで、これから読むことになる大量の書類のことで頭がいっぱいだった。科学者として、これは科学界でやるべき仕事の一つだ。ほかの科学者たちも時間を割いて、私自身の申請書を検討してくれているからである。そうやって研究に適した支援が受けられるようになっている。とはいえ、とてもやる気が出るような仕事ではない。気楽な気分ではなかった。

「今日は何か面白いことでも？」とドライバーが尋ね、上の空の私を現実に引き戻した。

「イギリス宇宙局の仕事で助成金の審査をするんだ。面白いとは言えないが、やらなければならない仕事だし、本当のことを言うと、ほかの人たちがやっていることを読むのはとても興味深い。火星で生命を探すとか、火星の大気を研究する機器をつくるとかね。宇宙探査についての審査委員会なんだ」

「私にはすごく面白いですよ」と彼女は言った。「決してばかにできない仕事です」。彼女の言うことにも一理あるなと思った。「でも、火星人は見つけないでほしいですね」

「どうして？　火星に生命が見つかったらすごいことだと思わない？」

「『宇宙戦争』を見ましたからね。何が起きるかよくわかってます。求めすぎないほうがいい場合もあるんじゃないですか。危険かもしれないし」

確かに宇宙人は反抗的かもしれないし、大衆文化ではそう描かれている。宇宙人が出てくる映画を見ると、彼らは何か不審な目的をもって立派な宇宙船で地球に現れることがほとんどだ。一九九六年の映画『インディペンデンス・デイ』では、宇宙人がホワイトハウスを爆破するのを阻止しようと、米軍のジェット戦闘機がスクランブル発進して、異例の独立記念日となった。一九七九年にはリドリー・スコット監督の『エイリアン』が公開された。かわいそうな被害者のおなかで子を産ませるという手ごわい怪物が登場するホラー映画だ。「彼女から離れろ、くそったれ！」と、シガニー・ウィーバーが仲間の一人に襲いかかるエイリアンに向かって叫ぶ。私は宇宙人というお客様に対してこのような言葉を使わないが、映画ではこのとおりだ。だから、宇宙人との接触を危険かもしれないと考えるタクシードライバーに会っても別に驚かない。

学術機関の講演会でも、接触のリスクを軽んじてきたわけではない。宇宙に無線のメッセージを送って私たちの存在を知らせたり、宇宙人に来訪を呼びかけたりするのは賢明な行為なのかと、真剣に尋ねる科学者もいる。「ハロー、私たちはこの地球にいます」というメッセージが間違って翻訳され、「私たちの惑星は私たちのような複雑な知的生命の居住に適した場所です。地球は入植にぴったりの場所ですよ！」と受け取られたらどうなるのか？　宇宙人にメッセージを送信するための国際的な規約や、何かしらの合意された手順をつくるべきではないのか？

こうした懸念はふくらむ一方のように思えるかもしれない。結局のところ、宇宙人が存在する確率はどれくらいなのか？　存在するとして、間違ったメッセージを送ったために人類が破滅すると、私たちは本当に考えているのか？　そもそも、私たちは一九二〇年代から無線でメッセージを宇宙に向けて発信してきたから、今さら対策をとっても手遅れかもしれない。それらは宇宙人とのコミュニケーションを意図した試みではなかったが、私たちの信号がたまたま彼らの耳に届くこともありうる。これらの信号は宇宙に拡散するにつれて弱くなっていく。これは逆二乗の法則に従ったもので、送信距離が二倍になると、信号の強度は半分になるのではなく、四分の一になる。とはいえ、地球外生命が十分に強力な受信器をもっていれば、一〇〇光年先でも私たちの放った無線メッセージを聞き取ることができるだろう。およそ八三光年離れたかに座ζ[2]（ゼータ2）星を周回する惑星に生命が居住していれば、一九三六年のベルリンオリンピックでアドルフ・ヒトラーが発した怒号を今聞いているかもしれない。うまく聞き流してくれればいいけれど。

悪意のある宇宙人をうっかりいら立たせるんじゃないかと真剣に心配する前にまず、心配の対象となる宇宙人自体を見つけるべきかもしれない。「危険だっていう心配はわかるけれど、そもそも宇宙人っていると思う?」と私は尋ねた。

「確実にいると思いますよ。絶対いますよね？　こんなにたくさん星があるんだから、いるに違いない。私たちしかいないって考えるのは変じゃないですか」

それとまったく同じ考えを抱いたのが、エンリコ・フェルミだ。二〇世紀の偉大な物理学者の一人で、最初の核分裂原子炉を考案した人物である。答えにくく含蓄のある短い問いを考案するのがうまいことで知られ、その問いは知識人を夢中にさせてきた。なかでもよく知られている質問はこれだ。「宇宙人はみんなどこにいる?」　よく考えてみると、まだ出会ってないのは不思議だ。過去一〇〇年ほどで、私たちの文明は馬車を捨て、宇宙船を建造して、人類の月面歩行を実現した。私たちがそれを一〇〇年間でできるのなら、宇宙人は一〇〇万年間で何ができるだろうか？　フェルミは、この銀河にほかの文明があるのならば、そのなかには私たちの文明より古くて高度な技術をもった文明があるに違いない、と思っていた。十分な時間があれば、一部の宇宙人は星間飛行の技術を必ず獲得できる。それならばなぜ、宇宙人との接触が日常的に起きないのか？　宇宙人がエディンバラにしょっちゅうやって来て、地元の人とおしゃべりしたり、スコットランドの煮込み料理に舌鼓を打ったり、きりっと冷えた人気の炭酸飲料を飲んだりしないのはなぜなのか？

この示唆に富んだ問いは「フェルミのパラドックス」と呼ばれるようになったのだが、その言い方は正しくない。ここには論理的な矛盾はないからだ。コミュニケーションの対象となる宇宙人がいないという場合があるだけだ。だから「フェルミの謎」と呼んだほうがいいかもしれない。呼び名の問題はさておき、何か悪いことを企てている宇宙人について心配するのなら、その前にフェルミのパラドックスを解決しなければならない。

フェルミの難問を聞いて、ドライバーは不機嫌な反応を示した。リドリー・スコット監督の映画に登場するエイリアンのような凶暴な生き物がこの宇宙に野放しになっているとしよう。銀河を旅して餌食(えじき)にできそうなほかの生命、あるいは破滅できそうな生命、支配できそうな生命を探している。誰よりも強い信号を発している文明は、目につきやすいイノシシがオオカミに追われるのと同じで、不快な訪問者の行き先リストに入りやすくなる。ここから学べることは二つ。一つは、生き延びるためには沈黙が大事だという点。だから、これ以上強力な信号を発する能力がなくて、私たちはラッキーかもしれない。二つ目は、沈黙が進化の過程で選ばれ、肉食の宇宙人の攻撃から文明を守っているのだとしたら、銀河の彼方にいる宇宙人が自分の存在を知らせようと発した信号を受信することはなさそうだという点だ。これまで宇宙人がニューヨークのタイムズスクエアに降り立たなかった理由は、そこにあるのかもしれない。沈黙を守る生命は危険を避けられるが、宇宙で遊び回っている生命は攻撃される。ほかの生命と接触を図ろうとする行為はみずからの破滅を招くということになる。

だが、この考えをどのぐらい真剣に受け取るべきなのか？　一方で、宇宙人が攻撃的であることは十分にありうる。そもそも、私たち人類自体が攻撃的だ。地球上の街という街を破壊できるほど大量の核兵器を所有している私たちに、宇宙人の武力攻撃に度肝を抜かれる権利などないのだ。宇宙人がほかの惑星にいる凶暴な生命を引きつけないために沈黙を保つように進化したとの考えに異議を唱える理由はいくつかあると思う。争いを好むという私たち自身の行動（そして、この行動に対するダーウィン主義的な競争の潜在的な影響）を考えたとしても、凶暴な宇宙人が襲来するとの考えはあまり現実的であるように思えない。襲来する動機は何か？　破壊できそうな場所を探して銀河をあてもなくうろつくのは無意味なように思える。とことん破壊的な人類でさえ、何か直接的な脅威がない限り、ほかの種族を殺す目的で恒星間宇宙に乗り込む作戦を始めたりはしないだろう。第二の地球になりそうな惑星から宇宙人を追い出すことなど、強い動機があったとしても、いったん立ち止まってよく考えるはずだ。私たちが住みたい生物圏を傷つけることなく宇宙人を追い出すことが、どれほど困難か。フェルミのいわゆるパラドックスに対する説明として、宇宙人と接触することの危険を完全に無視できないのだとしたら、生き物を銀河規模の凶悪行為に駆り立てるもっともらしい衝動を想像することもまた難しい。

むしろ、宇宙人の侵略行為に対する考えでもっともらしいのは、宇宙人は地球に襲来する前に自分自身を破滅させるという考えだろう。人類がみずからの破滅を招く過ちを犯すのだから、宇宙人も同じではないか？　星間飛行ができるほど技術が進んだ文明は、みずからを破壊できる文明でもある。

実際、宇宙飛行に欠かせない精密技術（ロケット）は、惑星の端から端まで爆弾を飛ばすために使われる技術でもあるのだ。だから、故郷の惑星をまるごと破壊できる能力は、宇宙に進出できる能力に切り離しがたく組み込まれている。こうした問題は接触を図る能力のある宇宙人の社会が陥る落とし穴かもしれない。ほかの惑星への野望は、故郷の星での争いによって打ち砕かれるのだ。宇宙人との接触を阻む危険は、宇宙人が自分自身に及ぼす危険なのだろう。これもまた、人類が身にしみてわかっている。

フェルミのパラドックスについて考えるだけでパラドックスに陥る可能性はないだろうか？　私はタクシードライバーと怒った宇宙人について会話してきた。あまりにも深く考えると、心配になりすぎて、宇宙人と交信しようとすることはよくないと思うようになるかもしれない。もちろん、宇宙人がほかの惑星の生き物を絶滅させようと動き回っている妥当な理由を私が思いつかないからといって、本当のところはどうかわからない。後悔するより慎重になるほうがましだ。当然ながら、宇宙人も同じように感じているかもしれない。少なくとも私たちぐらい高度な思考能力があれば、過剰に用心することもできる。この銀河のどこかで、緑色をしたタコみたいな生き物の集団がだらだらしながら、「ゾグのパラドックス」の話をしているかもしれない。その「ナクナール３」という惑星では、ゾグ教授という著名な生化学者が「宇宙人がナクナール３にやって来たことがない理由」について思案したことが知られている。

どの生き物もこれをやっているなら、フェルミのパラドックスは自己達成したことになる。宇宙のどの場所でも、心配性の生き物が、音を立てればとんでもないことが起きるかもしれないと思案している。だとすれば、接触を図る技術があったとしても、そうしようとする生き物が誰もいないという悲劇が起きる。みんなが心配した結果、孤独に陥るのだ。これが本当のパラドックスでないとしたら、少なくとも悲劇的な皮肉である。

もっと楽しげな可能性はないだろうか？　「存在しているのに彼らに会わないのだとしたら」と私はドライバーに言った。「地球は単なる動物園かもしれない。宇宙人が週末に子どもを連れて奇妙な動物を見に来るような場所。異星のアイスクリームを持って、人間が変な音を立てるのを、彼らはぽかんと口を開けて見てる」。彼女はバックミラーをのぞき込んで、私が冗談を言っているのではないことを確認した。これは冗談ではない。真面目な問いだった。

「私たちを見ているとしたら全然つまらないと思いますよ」と彼女は言った。「本物の動物園に行ったほうがましです」。これは私が考えたこともなかった視点だった。宇宙人ははるか遠くから私たちを観察しているが、気がそぞろになり、その代わりエディンバラ動物園か野生の地を見て午後を過ごし、ペンギンやパンダに夢中になっている。それは宇宙人の皮肉だし、文句はない。私たちはヒトが地球上で最も興味深い種だと思い込むべきではない。

ドライバーとの会話はいささか超現実的ではあったが、ばかげたものではなかった。なぜ私たちは宇宙人からの信号を受信したことがないのか、その妥当な理由を提示してくれた。怒った宇宙人が沈黙の宇宙をつくれるのなら、情け深い宇宙もつくれる。もしかしたら宇宙人は私たちが健康で幸福な暮らしを送れるように気づかってくれていて、自分たちの出現が人類の文化を乱し、人類の発展に有害な影響をもたらすかもしれないと認識しているから、距離を置いているのかもしれない。安全な距離を置いてアリのコロニーを調べている人間のように、宇宙人は生物としてのヒトの進化や人間社会の発展を興味深く観察しているのかもしれない。メモをとり、さまざまな角度から観察し、考察するが、決して介入することはない。惑星全体が動物園のようなもので、地球の動植物は展示物であり、「動物に餌を与えないでください」という銀河間の取り決めがあるのだ。人類は星間飛行の技術を確立して漆黒の宇宙に旅立って初めて、この動物園の観覧者に会える。ひょっとしたら、動物園の管理者がこれまでずっと肉食の宇宙人を寄せつけず、平和的な宇宙人が地球を観察して興味のあることを学べるようにしていたのかもしれない。

宇宙人の性質や動機について推定することは、フェルミの謎を熟考する一助となった。しかし結局、彼らがどんな性質をもっているにせよ、私たちが戦わなければならない宇宙人などいないのかもしれない。あるいは、宇宙船を使うにしろ解釈可能な通信手段を使うにしろ、恒星間の果てしない距離を移動するうえで技術的な問題があまりにも大きく、高度な技術をもった宇宙人でさえ、私たちとの隔たりを決して超えることができないのかもしれない。そんな弱気な考えにふけっていると、伸び放題の枝や葉っぱに囲まれたラウンドアバウトに差しかかった。私は技術的に難しい可能性をドライバーに伝えてみた。「ここまで来たいと思っても、あまりにも遠すぎて無理だってこともありうる。難しすぎるんだ」

「それなら安全ですね」と言って、彼女はくすりと笑った。宇宙人について考えている人の大半は、宇宙人に会えないかもしれないというとちょっとがっかりするものだ。でも、このドライバーは分別のある人物で、惑星間の問題が起きないことに安堵していた。私たち宇宙人愛好家は落胆の気持ちとうまく付き合うことを学ぶべきかもしれない。

こうした厳然たる可能性から得るものはある。それは謙虚な気持ちだ。現代の私たちは謙虚な心を失った。私たちの文明は、あらゆる問題が解決可能であるという考えにとらわれてきた。一七世紀に科学的方法が発達し始めると、どんなに難しい問題にも答えられるという新たな感覚が芽生えた。その自信は一九世紀ヴィクトリア時代から二〇世紀にかけての工学技術の躍進で強まる一方だった。確かに、これまでの技術の進歩はすばらしい。たとえば、抗生物質の発見は私たちの暮らしを変え、それまでごく軽い感染でも人びとを死に至らしめていた病気の死亡率を下げた。電子レンジで鶏肉を調理するなど、二〇〇年前には想像すらできなかったことが、時にはかすかに、時には劇的に私たちの暮らしを変化させてきたのだ（目に見えない謎めいた電磁波が発見されたのは一八八八年）。

こうして私たちは技術を生み出す能力を無限にもっていると信じるようになった。馬車に乗っていた時代から自動車や飛行機で移動する時代へ進んできたから、人類はいつか星間飛行ができるまでに進歩するだろう。それは地球外の知的生命も同じだ。しかし、これが人類の傲慢だったとしたら？今までは気づかなかったが、あるとき技術的な行き詰まりに直面するという可能性はないだろうか？宇宙人が住んでいる可能性のある生命の生存に適した惑星は、少なくとも数百光年か数千光年離れているとみられる。しかし、人類は光速の何分の一かで移動する手段さえまだ発見していないし、仮に発見したとしても、そうした惑星に到達するためにはヒトの寿命の何倍もの歳月が必要になる。宇宙のスケールで見れば私たちの「お隣さん」とも言える惑星に行くだけなのに。このように星間飛行にはいくつもの障害がある。たとえば、光速のたった一割で宇宙船を飛ばせる膨大なエネルギーを集められたとすれば、かに座[2]星にわずか八三〇年で到達できる。だが、これほどの猛スピードで宇宙船を飛ばせば、星間に漂う微小な物質に衝突しただけで船体は木っ端微塵に破壊されるだろう。

　もちろん、楽観的なエンジニアはスピードと距離の壁を克服する手段を考え出している。なかには、究極の物理的な障壁である光速の壁を破り、光より速く移動できるかもしれないと考える人もいる。宇宙にある時空連続体のゆがみ「ワームホール」に宇宙船を送り込めば、ある場所から消えた宇宙船が好きな場所に再び現れるという芸当が可能になるというのだ。これはあくまでも理論的な可能性でしかなく、実際にどうすればそれを実現できるのか、その糸口さえもつかめていないのが現実だ。もう一つの奇想天外な発想としては、宇宙船の前の時空を収縮させて膨大な距離を縮めることで、短いワープを繰り返す案がある。この離れ業を可能にする手法は発案者の理論物理学者ミゲル・アルクビエレにちなんで「アルクビエレ・ドライブ」と呼ばれている。しかし、アルクビエレの案は型破りの理論物理学に基づいたもので、彼の考案した技術を工学的に実現できるかどうかはおろか、彼の物理理論がこの宇宙を表しているかどうかさえはっきりしない。これまでの歴史から、未来の技術的な可能性を軽率に否定しないほうがいいことはわかっている（昔は時速四〇キロを超える速度で移動すると人間は死んでしまうだろうと考えられていた）。しかし、光速は恣意的にみずから課した限界などではない。光より速く移動することは越えられない壁であるかもしれない。

　そうした壁が存在するはずとの考えは、決して不合理なものではない。そもそも物理法則自体に限界がある。物理法則は宇宙の物質にあらゆる種類の限界を与えているのだ。こうした限界を理解することで、私たちは目を見張る装置をつくることができるのだが、物理法則はまた工学技術に限界を与えているようにも思える。能力を拡張し続ければ、人類はどこかの時点で限界に達するだろう。光よりも速く移動する技術はそうした限界なのかもしれない。人類にとっての限界だとすれば、宇宙人にとっても限界だということになる。彼らもまた、途方もなく広大な宇宙で孤立しているのかもしれない。人類のエンジニアと同じく、宇宙人のエンジニアも物質とエネルギーの可能性の限界に縛られ、無力感にさいなまれているのだ。

この問題を回避する方法の一つは、ゆっくりと進むことだ。物理法則の限界を受け入れ、離陸から着陸までの長い時間を受容する。一万光年離れた恒星をめざして光速の一%の速度（ジェット機の速さのおよそ一万倍）で進むとすると、到着までおよそ一〇〇万年かかることになる。これは生物の一個体の寿命からすれば長大な時間ではあるが、地球上の一つの種の存続期間としてはふつうの部類に入る。こうした数字から、忍耐と粘り強さがあれば遠くへ行けることがわかる。しかし、これほど長大な旅に耐えられる種は存在するだろうか？　宇宙船の閉鎖空間に何千もの個体を乗せて何もない漆黒の宇宙へ送り込み、一〇〇万年にわたって、将来の世代がはるか昔の祖先が抱いた目的意識を維持することはできるだろうか？

生理機能や心理状態が限界に達することなく、人間が孤立に耐えられる期間は限られる。この限界がわかったのは、南極大陸の奥深くで過ごした科学者たちの研究のおかげだ。彼らとそのサポートスタッフは、人間の忍耐力の限界を明らかにするために医師などによって詳細な調査を受けた。暗闇に閉ざされる冬の数カ月間には、さまざまな心理的な問題が現れる。身体上の健康状態の悪化とともに、うつ、孤独感、対立、明らかな錯乱がすべて観察された。分離の重圧にさらされると免疫系の機能が低下し、ストレスを示すホルモンの値が上昇した。こうした実験では集団の規模は概して小さいから、数千人を乗せた巨大な宇宙船で恒星間の長大な距離を移動したほうがよさそうだ。そうすれば、移動している人びとが孤独感から精神状態に異常をきたすことはないかもしれない。だが、人間の心と体が損なわれやすいことを考えると、数千人、あるいは数万人が乗っていたとしても、旅の最後まで心身の機能の低下を防げるかどうかはわからない。

ほかに考えられる対策としては、遺伝子工学やホルモン操作などもあるが、それぞれに問題がある。たとえば、あらゆる感情を抑制するように人間を操作して、命にかかわる事態への恐怖に屈することなく世捨て人のような暮らしを送り、旅を続ける次の世代を生み出すことだけを定めとして生きられるようにしたとしよう。恒星間を移動する壮大な旅に、そうした人たちを送り込みたいと本当に思うだろうか？　感情をなくした人間がほかの問題で損なわれ、旅を続けられなくなることはないだろうか？

これらの課題を克服できたとしても、私たちあるいは宇宙人が恒星間を旅する理由は何かという問題は残る。故郷の惑星に緊急事態が起きれば、宇宙という不気味な海を渡らざるをえなくなるかもしれないが、それは探査のための旅ではない。目的はファーストコンタクトではなく、安心して過ごせる場所の探索となる。私はこのようなことをタクシードライバーに告げてみた。「彼らには宇宙の膨大な距離を移動する動機がない。それが単純な説明かな」というようなことを言ったのだと思う。

タクシードライバーはこの可能性を知って安心したように見えた。危機感が薄れたのかもしれない。だが、代わりに現れたのは孤独という可能性だ。「彼らが危険なのは嫌ですけど、話し相手がいなくて自分たちだけだなんて。それも嫌ですよね」と彼女は寂しそうに言った。

この銀河のほかの場所が沈黙を保っているように見えることに対し、たくさんの仮説が考えられるが、いちばん明らかな理由、つまり「彼らは存在しないか、少なくとも近くにはいない」というのが答えである可能性は十分ありうる。知的な地球外生命の探索を続ける価値があるのは確かだが、結局見つからない可能性はある。地球外生命が実際に見つかり、期待どおりに賢明だということがわかったら、彼らが私たちを滅亡に追い込みたいと思う理由はまずないと安心できるかもしれない。

タクシーがポラリス・ハウスの玄関前に止まった。私はドライバーに礼を言ったものの、この最も人間的な難問を残したまま車を降りた。結果が不確かなまま他者といっしょにいるか、孤独を貫くか。私たち、そして宇宙人が生きるうえで、こうした選択が必ずついて回る。

紀元前 3000 年頃にイラク南部でつくられた粘土板。労働者に支給するビールについての情報が記録されている。宇宙人の言語を解読するのは、少なくとも古代の文献を理解するほどの難しさがあるだろう。しかし、科学を理解する共通の能力があれば、人間以外の知的生命とコミュニケーションをとれる可能性はある。

宇宙に送り込まれたサンプルを調査するため、ラマン分光装置を借りにグラスゴー大学に向かうタクシーのなかで。

第10章　宇宙人の言葉を理解できる？

その日、二〇一七年の肌寒い春の朝に乗ったタクシーでは、ドライバーとの会話はあまり弾まなかった。というより、コミュニケーションをうまくとれなかった。グラスゴーでタクシーをつかまえると、ときどきスコットランド訛りが強いドライバーと話すことになる。耳に心地よい豊かな響きなのだが、車のエンジンとタイヤの轟音(ごうおん)が鳴っているときにガラスの仕切りを通して聞くと、聞き取りにくいことがある。とりわけ、私のようなイングランド生まれのエディンバラ住民は、訛りに慣れていないこともある。

ドライバーは天気のことについて話しているのだと、私は思った。「ノー（no）」ではなく「ネイ（nae）」と聞こえ、gの音は聞こえず、彼は北の地平線に垂れ込めた雲を指さしていた。こんなとき、私はうなずいて、笑顔を見せ、曖昧に興味を示すしかなく、いささか無礼に振る舞っているように感じる。ドライバーも私と同じぐらい寒さを感じているようで、厚い黒のウールのコートに身を包み、首には赤いスカーフを巻いている。タクシードライバーとの会話が難しいと思っているのなら、宇宙人との会話はうまくできるのだろうか？　宇宙人が親切なグラスゴー住民に聞いたり、快適な宇宙船のなかでスコットランドのテレビ番組を見たりして、言語を含めた地球の情報を事前に仕入れていたとしても、ファーストコンタクトはうまくいかないのではないかと私は思った。

このタクシー乗車で私の前に立ちはだかった壁は言葉だけだった。言葉の壁を乗り越えれば、ドライバーと私の会話は弾んだことだろう。意見の相違もあるかもしれないが、共通の考え方もあるだろう。こうした言葉の壁が宇宙人とのあいだに存在することは明らかだと思う。彼らとどうやってコミュニケーションをとるのか、その方法を見つけなければならない。しかし、言語の問題を解決すれば、私とドライバーとの会話のように、共通点を伝え合うことはできるだろうか？　それとも、はるか遠くの星からやって来た宇宙人と私たちとのあいだには、埋めがたい隔たりがあるのだろうか？　会話ができる手段を見つけられたとしても、彼らの精神状態や考え方を理解することはできるのだろうか？

よく言われるのが、人類と宇宙人とのあいだで見解を一致させることは、ヒトとアリとの関係に似ているということだ。ヒトよりはるかに優れた知的生命が私たちと会話することは、ヒトがアリやマルハナバチ、あるいはさらに高等なイヌなどの生き物と会話するようなもので、その程度の会話にしかならないだろう。ヒトがイヌよりはるかに優れた知性を備えているからと言って、彼らのシグナルをほかのイヌほど上手に解釈できるわけではない。それと似たようなことが、宇宙人との関係にも当てはまるだろう。また、宇宙人の知的能力が私たちとだいたい同じであると言えたとしても、状況は変わらない。ここで鍵となるのは、宇宙人の知性がヒトの知性と質的に異なるかもしれないということだ。その場合、ファーストコンタクトは気まずい沈黙となる。

とはいえ、私たちと宇宙人がコミュニケーションをとれそうな側面が少なくとも一つある。それは「科学」だ。これがおそらく両者の共通点となるだろう。私たちに理性があることを根拠に人間と獣を分けようとしている古代の哲学者みたいに思われる懸念はあるのだが、それとまったく同じか、似ていることをやってみたい。科学的思考の能力はヒトの脳に備わった能力であり、地球上のほかの生物の脳には備わっていない。この違いに対して神経科学の面から説明を試みようとは思わないし、ヒトはチンパンジーとは明らかに違うとか、すべての生物は実際には程度の差こそあれ認知能力をもっていて、ヒトはほかの霊長類よりわずかに優れているだけで決定的な違いはない、などといった議論をするつもりもない。私は単に、人類は宇宙望遠鏡を建造し、お茶を飲みながら宇宙の起源についての仮説を議論すると言いたいだけだ。あなたが漫画家のゲイリー・ラーソンか、あるいは彼の想像の世界にほとんどの時間どっぷり浸かっているのでもない限り、ウシやサルはそうした行動をとらないと納得してくれるだろう。これこそがこの世界で重要な点だ。いや、この宇宙で重要な点、と言うべきか。

しかし、ヒトがもつ科学的思考の能力が、到来した宇宙人とのコミュニケーションの能力とどんな関係があるのか？　これを理解するためには、「科学」とは何を意味するのかについてもっと深く知る必要がある。科学という言葉はあらゆる場面で誤用され、乱用されている。だからまず、驚くかもしれないが、いわゆる科学というものは存在しないと主張してみたい。「……を科学は示した」や「科学ですべてを説明することはできない」といった発言をよく聞くだろう。ふだんの会話では、こうした発言に目くじらを立てることはない。だが、この発言には科学に対する大きな誤解がある。ここでいう科学は信頼の置ける知識の集合であるというふうに扱われているが、科学というのは本当は「方法」だ。実験や観察を通じて証拠を集め、その証拠に基づいて自然のしくみを表す一つの像を構築する方法が科学である。その像は不正確なこともあるし、矛盾をはらんでいるかもしれないが、像をつくる過程こそが科学的方法だ。いったん自分で像をつくったら、それを用いて優れた洞察を引き出し、仮説（証拠に基づいた推定）を立てることができる。仮説自体も観察と実験を通じて検証でき、それを繰り返すことで知識を深めていく。

この過程がどのようなものか、ここでちょっと考えてみたい。たとえば、私がリンゴ一個とオレンジ一個を集め、その性質を研究しているとしよう。ここで想像力を駆使して、リンゴとオレンジを混ぜ合わせたような果物があると考える。リンゴとオレンジの合いの子と言ってもいいだろう。この想像上の果物を「オップル」と呼ぼう。これが私の仮説だ。それを検証するため、外に出て、さまざまな果樹園でたくさんの果物を観察し、オップルという謎の果物を探してみる。この手順を終えたところで、私は自分の仮説を受け入れるか、捨て去るかを判断する。オップルを一個採集してその存在を証明するか、あるいは、その謎の果物の存在を疑うかのどちらかになる。それはオップルが実在しないことを決定的に証明するわけではないが、行くことができるすべての果樹園で見つからないということは、少なくともオップルはきわめて稀な存在であると考えるべきだ。その考えを覆す証拠が現れるまで、私はオップルがどこにも存在しないと考える強い根拠をもつことになる。

こうした行為における揺るぎない原則は「自分の欲望と偏見を捨て、データが語るものだけを受け入れる」ということだ。これは優れた科学者が厳格に従っている原則であり、特にあらゆる情報が自分の仮説に明らかに反している場合には従わなければならない。オップルの発見者になりたいかもしれない。その瞬間がもたらす名声やきらびやかな世界へのあこがれもある。しかし、そうした果物を見つけられないのなら、自分の仮説を捨てなければならない。はるか遠くの果樹園でオップルを一個目撃したけど、たまたまその木が枯れてしまったと主張することは許されない。自宅のキッチンで果物ナイフか何かを器用に駆使して、オップルを偽造するのもダメだ。たとえあなたが一〇〇年にわたってオップル仮説に固執し、オップルの存在をあなたと同じくらい強く信じている人が一〇億人いたとしても、データがその存在を示していないのなら、仮説を捨てなければならない。

簡単に言えば、これが科学だ。それほど複雑なものではないのだが、この単純な手順を人類の頭脳に刻み込むためには途方もなく長い時間がかかった。迷信と宗教の教えの影響が大きかった一〇〇〇年間に、自然を理解するためのほかの方法が生まれたのだ。宇宙の構造は茶葉のなかにあるとか、ニワトリの内臓からわかるとされた。なかでも影響力が大きかったのは、そして今でも大きいのは、権威者の主張だ。影響力のある誰かが言っていたから物事はそうなっている、という考え方である。現代人からすれば、「でたらめだ！　物事のしくみは本当はそうじゃないんじゃないか。なぜ自分で見つけないのか?」と思う人が誰もいなかったように見えるのは驚きだろう。だが、あとから指摘するのはたやすい。それに、当時も多くの人がこうした疑念を抱いていて、実際に行動を起こした人もいる。だがもちろん、歴史上ほとんどの時代にほとんどの場所では実験室も正確な測定器具もなく、年長者からの支援を受けられるとは限らなかった。やがてヨーロッパで多くの進歩が見られるようになったものの、ヨーロッパ大陸は長いあいだかなりの遅れをとっていた。ヨーロッパで科学者が現れたのは一七世紀になってからだ。フランシス・ベーコンやガリレオ・ガリレイといったその道の大家が、現代の科学的方法の礎を築いた。

科学的方法については、人類と宇宙人が共通点を見いだすことができると、私は確信している。つまり、宇宙人も科学を用いて宇宙に関する知識を得ていると、私は考えているということだ。なぜそれほどの自信があるのか？　そもそも、科学は物事の性質を理解するための方法の一つでしかなく、ほかの方法を却下してはいけないとよく言われる。この一節は言葉の響きとしては魅力的であり、明らかに正しいのではあるが、基本的な点を考慮していない。それは、宇宙に関する知識を深めていくうえでは科学的方法だけが役に立つという点だ。ほかの方法を使えるとの主張に対して文句を言う人はいない。もちろん、ニワトリの内臓を調べたり、ティーポットの底をのぞき込んだり、特殊なカルト教団の誰かに尋ねたりしてもよい。しかし、ここで自問してほしいのは、そうした方法をどれだけ信頼できるかということだ。その方法で世間に通用する知識を得られるだろうか？　その知識を用いて何度も検証を重ね、何か有用な結論に行き着けるだろうか？　つまり、ニワトリの内臓やカルト教団の長老から得た知識を利用して、検証可能な予測を立てられるだろうか？　それができないのだとしたら、あなたはまだ宇宙の物理学的なしくみを系統立てて理解していないということだ。

以上のことからも、科学は茶葉やカルト教団の長老とは違って手順であり、怪しげな知恵の源泉ではないということがわかる。そして、その手順にはいくつかの要件がある。まず、理解したい現象を観察しなければならない。茶葉がお湯のなかでしんなりする過程を調べるのが目的でない限り、カップをのぞき込んでもその要件を満たすことにならない。深く知りたい現象に注目すれば、おそらく比較的信頼できる情報を得られるだろう。これと同じぐらい重要で、かつニワトリの内臓やカルト教団の長老に欠けているのは、得られた証拠がお気に入りの持論に反している場合、持論を捨てるという行動だ。もちろん、身のまわりのことを調べるときには、こんなことをしなくてもいい。だが、信頼できる情報を得るための調査ならば、そうした行動をとらなければならない。科学的方法に説得力があるのは、果てしなく問いを繰り返して、自然のしくみに関する知見を磨き上げていくからだ。ほかの調査方法ではこのように知識を深めていくことはなく、その知識は科学的方法を用いて時間をかけて生み出された知識よりも信頼性が低い。

ここで、宇宙に対する自分の理解は科学的方法に必要なツールを用いて絶対に検証できないと主張することも可能だ。自分の考えを主張する権利は誰にも否定できないという意味では、この主張自体に何も問題はない。しかし、あなたの知識がどんな批評も受け付けずに検証できないのだとしたら、それはあまりにも都合がよすぎると思わないだろうか？　本質的に検証不可能とされる宇宙観はどんなものであっても強く疑ってかかるべきだ。

ここで立ち戻りたいのは、「科学」が知っていることについて人びとが（とりわけ科学者が）何かを主張したとき、それが本当は何を意味するのかを明らかにすることの重要性だ。誰かが「科学は示した」と言ったとき、それは「データの収集と検証を通じて得られた説や観察結果からこの現在の知識が導き出された。のちにそれを覆すデータが見つかった場合、その知識は間違っていると言ってもよい」ということを意味している。ディナーパーティーでこの持って回った言い回しを聞いたら心底うんざりしてしまうだろうから、友だちを失いたくない場合にこの簡潔な表現を使うことは理解できる。だが、ここで行なっているのは、言葉がはらむ機微を詳しく分析することだけではない。科学が宇宙を理解する「ありふれた」方法の一つではない理由を理解しようとする場合、簡潔な表現と注意深い言い回しの違いはきわめて重要だ。科学とは、観察した現象について考えられるさまざまな説明と果てしなく向き合い、観察自体の質を厳しく問うことが求められる重要な思考の手順である。研究室に所属できる科学者なら、科学的方法の強みは確認と再確認を繰り返す手順にあることを否定しない。これは、最終的な答えは存在せず、より深い洞察をめざす探究だけがあるとの考えに基づいた態度だ。ニワトリの内臓ではそれができない。

科学的方法の信頼性を示す証拠の一つが、科学者は新たな理論を生み出すだけではないということだ。理論はどれも同じぐらい有益だが、理論を生み出すだけなら、ほかの方法でもできる。科学が特別なのは、科学的方法に従って理論を構築することで、予測を立てることができるだけなく、何かをつくることもできるようになるという点だ。予測が（毎回）当たり、つくったものが（毎回）うまく動作すれば、その理論が身のまわりの世界の性質を正しく表現していることがわかる。たとえば、揚力と抗力のしくみに関する理論を用いることで飛行機を設計し、空を飛ぶことができる。もちろん、多少の試行錯誤は必要になるだろうし、車輪や翼に問題が起きることもある。だが、科学的方法を使えば、物質界の挙動について十分確かな情報を得られ、第一原理に基づいてものをつくり、そこから改良していくことができる。

とはいえこれは、科学的方法を使わなければものをつくれないと言っているわけではない。試行錯誤に頼った場当たり的な方法でも必ず失敗するわけではなく、だからこそ一七世紀以前にも技術的な進歩はあった。しかし、科学的方法が登場して以降、技術的な進歩が大きく加速したのは確かだ。特に、自然の複雑性を深く理解しなければ成功しない場面ではそうだった。科学的方法がなくても、効率性や安全性はかなり劣るものの、安定した住居をつくることはできた。航海用の船や農機具をつくることもできた。しかし、宇宙船をつくることはできなかった。いずれにしろ、科学的方法をもたない社会は月着陸船の建造にかなり手こずるだろう。この主張に反論したい人には、簡単な課題を与えてみたい。宇宙工学の知識のない技術者のチームを三つ集める。一つ目のチームにはニワトリの内臓、二つ目のチームには高名な修道会の聖職者、そして三つ目のチームには科学的方法に基づいた研究を収録した宇宙工学の教科書を与える。この三チームに月着陸船をつくるように頼む。完成品の検証も必須だ。その結果を私に教えてほしい。

宇宙人との遭遇の話からそれていると思われるといけないからここで説明しておくと、科学の性質に関するこうした見解は私の言いたいことに直結している。宇宙人が宇宙船を建造し、私たちとファーストコンタクトをとったとしたら、たとえ彼らの世界や文化、頭脳について知らなくても、宇宙船の建造にはゾグル星の動物の内臓、あるいは第六惑星の統治者で宇宙の支配者であるジングルブロッド大祭司の公式宣言から得た情報は使われなかったと断言することができる。彼らは科学的方法を用いて宇宙船をつくった。ジングルブロッドがかかわっていたことが判明しても、この生物は科学的方法を使っているか、あるいは科学的方法を通じて集めた情報を収録した蔵書かそれと同等のものを利用したと言ってよい。こうした普遍的な思考形態に収斂（しゅうれん）したということは、科学的方法自体が宇宙人とのコミュニケーションの基礎になりうることを示唆しているのかもしれない。

ここで、ジングルブロッドの知識は私たちの知識と異なる可能性があるときっぱり言っておきたい。私たちの知識はその知識に遠く及ばないかもしれない。人類とジングルブロッドは科学的方法を用いて自然についての真理を学ぶと言っても、その知識をどのように熟考して使うかまでは想定していない。宇宙に対する理解、技術的な能力、物質に関する知識が人類と同等である必要はない。しかし、人類とジングルブロッドの隔たりは、人類とアリ、あるいはより高い認知能力をもったチンパンジーとの隔たりと同じではない。人類とジングルブロッドの知識に量的な違いはあっても、質は同等だ。人類も宇宙旅行が可能な宇宙人も、証拠を用いて仮説の検証や立証、却下を行なうことで宇宙に対する理解を深め、知見の信頼性を高める。

科学的方法を実践する能力はジングルブロッドと人類とでは異なる可能性があることも指摘しておきたい。宇宙人は頭で数学的な計算を実行する能力が人類より桁違いに優れているかもしれない。知識の整理と利用の方法が異なることもありうるし、その方法は私たちの目には風変わりに映るかもしれない。だからと言って、宇宙人が科学的方法を使うという絶対的な事実は変わらない。もっと強気に出てみたい。実用的な宇宙船をつくるために宇宙に関する情報を理解しようと思ったら、科学的方法を使わなければならないのだ。

宇宙に関する情報の少なくとも一部は、私たちになじみ深いものだろう。これもまた科学的方法の特徴によるものだ。科学的方法を誰が使っているかにかかわらず、その研究者がどの惑星にいたとしても、方法は同じであり、研究対象の宇宙も同じである。科学は現実の究極かつ客観的な基盤に到達できると主張するという過ちを犯すつもりはない。哲学者の友人がこの可能性に疑問を投げかけて私を叩きのめす機会を与えないためだとしてもだ。しかし、科学的方法は確かに私たちの知識の枠組みを向上させ、時とともに現象の完全な理解に近づいていくとの主張には何の誤りもない。重力に関するニュートンの理論はそれ以前の考えをもとに構築され、その後、アインシュタインの時空連続体に関する広範な研究によって磨かれ、進歩した。ニュートンの理論は概して正確であり、投げたボールが地面へ向かって落ちていく軌跡を予測するのに役立つが、アインシュタインの非凡な頭脳は、物事を宇宙スケールで理解しようとするときに私たちの予測を大きく向上させた。ほかの科学者たちはアインシュタインの理論の何が正しくて、何が間違っているのかを詳しく検証し、時には誤りを指摘してもきたが、結局はアインシュタインの理論が正しいことを発見しただけだった。また、彼の理論で改善が必要な領域を見つけることもある。このような手順を果てしなく繰り返すことによって、真実をより深く掘り下げ、説得力を高めていく。

以上のことから、宇宙人が宇宙船に乗って到来した場合、彼らもまた少なくともニュートンの運動の法則を理解していると、私は思い切って主張したい。もちろん名称は「ニュートン」ではなく、「バブルジグの法則」かもしれないが、それはささいな違いだ。私たちから見て宇宙人の頭脳がどれほど奇妙であろうと、彼らは私たちと同じ理解に行き着くだろう。その法則を理解していなければ、宇宙船の軌道を計画することはできないし、地球の重力の影響を計算して計画どおりに着陸することもできない。宇宙船を設計した宇宙人は重力の法則を理解している。

ここで注意したいのは、物理法則に普遍性があるからと言って、宇宙人が人類とまったく同じ科学的知見や技術的能力をもっていることを意味しているわけではないことだ。ある物理法則の理解や技術的な成果が必ずほかの何かに続いてもたらされるかどうか、つまり発見の道筋があらかじめ決まっているかどうかを考えるのは興味深い。私自身は、科学的な理解には一定の方向性があると考えている。アインシュタインがニュートン力学を理解せずに時空連続体を考えることは難しかっただろう。また、そうした法則なしで太陽系のしくみに関する信頼性の高いモデルを構築するのも難しい。私たちが宇宙にまつわる何らかの事実を理解する能力は、必ずそれ以前の知識をもとに構築されているようだ。宇宙人が宇宙船に乗って到来した場合、少なくとも宇宙について人類と同等の知識をもっているだろうし、人類よりはるかに高等な知識を備えている可能性もある。しかし、宇宙人が物質・反物質推進エンジンか何かの知識をもって到着したにもかかわらず、ニュートンの著作『プリンキピア』を渡されたときに感嘆して信じられないという表情を見せるとは、まず考えられない。

宇宙船に乗った宇宙人が人類と似たような技術発展の道筋をたどるかどうかという問題を考えるのは、本当に面白い。エディンバラからロンドンに向かう列車で退屈すると、頭のなかでちょっとした遊びをするのが好きだ。人類の社会が過去の基本的な進歩のいくつかを無視して現在の技術的成果に到達できるかどうかを想像してみる。たとえば、車輪を発明することなく原子力発電のしくみを考案することができるのか、といったものだ。そもそも、タクシーの代わりに、車輪のない何かを使うことはできるのか？　もちろん、私とタクシードライバーが馬の背中に乗り、ときどきドライバーが私にグラスゴー訛りで「つかまってろ」と叫びながら、道路に空いた穴を右へ左へよけ、その道路は近くの原子力発電所から送られてきた電気でわかりやすく照らされている、といった場面は考えられる。物資を入れた箱は丸太の上で転がす古代の手法を使えば、グラスゴー市内を運搬することができる。

後ろの丸太を前へ持っていく作業を延々と続けるという骨の折れる仕事だが。このように考え続けると、ウランとその性質の発見から核分裂の理論の構築、そして最終的に原子炉の建造まで、原子力発電所を生み出すあらゆる手順は車輪なしでも実現可能であるように思える。

しかし、実際に頭で考えた場合にそうなるかどうかは別問題だ。ウラン濃縮用の遠心分離機をつくっている最中に、技術者はそれを見つめてきっとこう思うだろう。「あの遠心分離機の軸を箱の底にくっつけて、遠心分離機の代わりに円盤を軸に取り付ければ、丸太を運び続けなくても地面の上でコンテナを引っ張れる。わかった！」タービンや水冷ポンプといった、原子力発電に使われる多くの装置には、軸を中心に回転する部品が含まれている。そうした装置が存在していれば、誰かが車輪の有用性に気づくだろうとも考えられる。

それならば、次々に付加される性質をもち、決まった道筋を通ることが多いのは知識に限らないと考えることもできそうだ。技術の道筋もある程度決まっている可能性がある。少なくとも、主要な技術的能力を広く考えた場合にはそうだろう。宇宙人は人類とは異なるものが必要で、優先順位が異なる場合もあるだろう。ひょっとしたら彼らは光合成で栄養を摂取するから、トースターを発明する必要はないかもしれない。しかし、トースターを動かす電気は、宇宙船に乗った宇宙人が十分に理解していると期待できるものだ。宇宙人が『プリンキピア』を読んで驚かないのと同じように、地球に降り立った彼らがフォルクスワーゲンのタイヤのまわりに集まり、宇宙語の翻訳装置を通じて「ウソだろ。ゾグ、この丸いものを見てみろ。俺たちは何でこれを思いつかなかったんだ？」とつぶやき始めるとも考えにくい。

宇宙人に会ったとき、コミュニケーションをとるのは容易ではないだろう。認識できる音や身振りでやり取りできれば幸運だ。彼らの言語構造と情報処理の方法は、私たちが想像すらできないまったく異質なものかもしれない。感覚による認識能力でさえ、人類とはかけ離れているかもしれない。しかし、宇宙人との対面は人類とアリとの対面とは違うと私は考える。私たちは見つめ合い、言葉の壁という難しさはあるけれども、互いに科学者であることを認識するだろう。宇宙に対して疑問を抱き、観察と実験、批評を通じて身のまわりの世界への理解を深める能力と欲求があれば、その能力の大きさと使い方に違いがあったとしても、私たちは対等になる。さらに、互いの技術を調べ合うなかで、果てしない宇宙空間の性質を解き明かす探究の成果を知って、すぐに意気投合するだろう。互いに尊敬し合う気持ちが生まれ、科学者として共通の過去と未来があるのだとわかる。

科学的方法を使う生物は、宇宙に関する知見を果てしなく深めようとする。このように思考する種はほかに知られていないものの、人類だけが科学的方法を使えると考える理由はない。しかも、一つの種が自然のしくみに関する知識を系統的に向上させようしたら、科学は欠かせない思考法である。人類と宇宙人のあいだにどんな違いがあろうとも、こうした現実に対する暗黙の了解とともにファーストコンタクトを気持ちよく迎えられるだろう。私たちは何かをわかり合える。個人的には、宇宙人が「科学」を何と呼んでいるかをぜひとも知りたいと思っている。

NASA の宇宙深部探査「エクストリーム・ディープ・フィールド」による画像。ハッブル宇宙望遠鏡が宇宙の同じ領域を 10 年間撮影した画像を組み合わせたもので、およそ 5500 個の銀河が写っている。これと同じように、宇宙の彼方で地球を見つめている生命が存在しないとは言えるだろうか？　地球をとらえた宇宙深部探査画像があるとすれば、私たちの故郷はほとんど見えないほどちっぽけな点でしかない。

クリスマスパーティーに出席するため、エディンバラのブランツフィールドから新市街まで乗ったタクシーのなかで。

第11章　宇宙人が存在しないとは言いきれる?

プリンシズ通りに入ると、その年初めて、あの何ともいいようのない気持ちを抱いた。クリスマス気分である。もの悲しさ、幸せ、妬みというのがどんな気持ちかは誰もが知っている。人間の体験のなかでも根源にあるものだからだ。しかし、クリスマス気分というのはどういうものだろう?

実際、それは複雑な気分であると思う。幼い頃の思い出、暗い夜、温かくて甘いモルドワイン、キラキラの飾りがついたツリー。これらすべてがクリスマス気分に含まれ、毎年恒例の世間の大騒ぎが気分をさらに盛り上げる。でも、根底にあるのは、この休日の社交性であり、家族や仲間が集まるという感覚だ。

「クリスマスには家族みんなが集まってくるんですよ」とタクシードライバーが言った。「たくさんです。一一人が私と連れ合いに会いに来るんです」。それは突然の話だった。ドライバーの興奮が表れている。彼女は準備万端のように見える。赤と緑のセーターに身を包んでいるし、おまけに髪の毛は雪のような白だ。クリスマスムードに浸っているように見える。「楽しみだわ」と彼女は楽しそうに言った。念を押すような言い方だった。「あなたも?」

実際、私も楽しみではあったが、宇宙探査の愛好家としては、ときどき地球の儀式に対して変わった視点をもつこともできる。ちっぽけな岩石の塊を人類が覆い尽くし、その一部はクリスマスを祝っている。互いに仲間と過ごすひとときを楽しみ、グラスを掲げ、七面鳥の肉を頬張り、ツリーの下にプレゼントを隠す。その間、岩石の塊は銀河の片隅にぽつんと浮かび、何の変哲もない恒星のまわりを回っている。天文学的な思考を披露して人びとを憂鬱な気分にさせたくないから、地球がこの宇宙でほとんど見えないほど取るに足らない存在なのだと言うつもりはなかった。それに、宇宙のほかの場所に生命がいるかどうかは重要なことか尋ねてみたいとも思ったけれど、タクシードライバーに聞くのはやめた。地球外生命が存在するとわかったら、クリスマスはもっと楽しくなるだろうか? あるいは、地球外生命がいないとわかったほうが、まわりの果てしない宇宙空間に生命が存在しないとの思いからいっしょにいることの温かみがいっそう強く感じられ、クリスマスはもっと楽しくなるだろうか? それもクリスマス気分を味わうやり方の一つだ。漆黒の宇宙で、ひとときの色と愉快な気分、希望を味わう。

こうしたことすべてが一瞬のうちに頭をよぎったが、私は会話に戻った。「うん、とても楽しみだよ。クリスマスには家族にも会うからね。一人じゃないってわかるのはよいことだ。少なくとも地球上では一人じゃない。でも、宇宙のほかの場所ではどうかわからないけれど」。ドライバーは何も答えなかった。彼女はミラーをのぞき込んで目を細めた。さっき言ったとおり、私は宇宙探査の愛好家だ。人を餌で釣って、面白い会話を続ける。

「もしかして『スター・トレック』好きですか?」と彼女は尋ねてきた。私はそれほど好きではないが、ときどきは見る。しかし、きっぱり否定しようとしたところで、ドライバーが割り込んできた。

「私は『スター・トレック』大好き。宇宙を旅して回ったり、変な人たちに会ったりする大冒険でしょ」

　クリスマスについて再び考え始めた私は、「新たな生命と新たな文明を探し求める」ミッションが完全に失敗した場合、『スター・トレック』の世界全体が崩れ落ちるかどうか思いをめぐらした。ドライバーは言葉を話す宇宙人が登場するからこそ、あの作品が好きなのか？　宇宙人が登場しない『スター・トレック』はひとりぼっちのクリスマスぐらい嫌なものなのか？「ちょっと変に聞こえるだろうけど、『スター・トレック』のなかに、会話ができる知的な宇宙人がまったく出てこなかったら、あの作品は成り立つかな。生命は存在しても、話し相手にならないとしたら?」

「彼らが誰に会うのか見るのが好きなんです。どんな奇妙なキャラクターと話すのか、どのキャラクターが宇宙船を破壊するのか」。ドライバーは首をかしげて続けた。「でも、そういうキャラクターがいなかったら成り立たないですよね?」

「そうだと思う。少なくとも、それがあの作品の面白いところだからね」。見る者からすると、ほぼ宇宙を移動するだけの宇宙船を見て夜を過ごすのはかなり退屈だろう。たとえ、宇宙船がワープの速さで移動していてもだ。たとえ『スター・トレック』を見たことがなくても、同意してくれるのではないか。しかし、この作品に対するタクシードライバーの見方に同意することと、科学者としての私の考え方は違う。職業上、宇宙への旅に加わる機会が得られたなら、私は狂喜する。乗組員がたいした発見をしなくてもだ。

でも、このかなり退屈な空想に少しのあいだ付き合ってほしい。何か得られるものもあるから。『スター・トレック』のエピソードで、宇宙船「エンタープライズ」が奇妙な新世界を探し求める五年間のミッションで何も見つけられなかったとしよう。あるいは、カーク船長とほかの登場人物があちらこちらで微生物を発見しただけで終わったらどうだろうか。

ミッションの最初の年で、退屈が始まる。宇宙船は死んだ恒星系から別の恒星系へとワープして、宇宙をひとっ飛びするだけだ。三年目に入ると、カーク船長はドラッグにふけるようになっていて、アメリカのロック・バンド、ドアーズのアルバムを聴いてほとんどの時間を過ごすようになっている。ほかの乗組員はけだるそうに座ってB級映画を見て、銀行か不動産関係でいい仕事がないものかと夢想している。五年の旅が終わる頃には、三〇〇を超える恒星系を訪れたが、はっきりした成果と言えば、岩石サンプルと、塵や海の水を凍らせた小瓶が数十本ぐらいで、その一部に細菌のようなものが含まれていそうな程度だ。ひげと髪の毛がぼうぼうに伸びたカーク船長は生きる意志をほとんど失ったようで、ほかの乗組員は大酒飲みになった。彼らは地球に帰還し、宇宙船を離れて、ロンドン南部のクロイドンの外れにあるオフィス街で仕事を見つけ、地元の道路計画を管理したり、路面の穴の修復計画を取り仕切ったりするのだ。

このエピソードを『スター・トレック　ザ・ドキュメンタリー』と呼ぼう。たいして面白くはないかもしれないが、本物よりも現実感はあるだろう。本物の『スター・トレック』には社会がかつて抱いていた宇宙人に関する楽観論が表れている。ご記憶のとおり、人びとは何百年ものあいだ、火星と金星に知的生命が存在し、人類と同じように文明社会で日常生活を営んでいると考えていた。強い日差しを浴びた灰色の月の焼けつくような荒野には月面人が暮らし、火星の表面に刻まれた奇妙な線は宇宙人が火星の環境を住みやすく変えるための野心的な土木事業でできたものである、と。こうした見方は、ホイヘンス、ハーシェル、ローウェルといったこの分野の権威に支持され、大衆の想像力を刺激し、知的な宇宙人が存在すると信じさせただけでなく、ほぼ確実に存在するとの確信さえも人びとにもたらした。

これを一変させたのが宇宙時代だった。金星と火星、月の高精細の画像が初めて撮影されると、これらの天体には岩石しかないことがはっきりとわかった。その後、研究が進むと、私たちに隣人がいるとの最後の望みは断たれ、太陽系のほかの場所には文明が存在しないことが決定的となった。とはいえ、地球外に生命がいるかどうかは依然として不明であり、魅力的な謎であり続けている。だから、多くのＳＦ小説の魅力もまだ衰えていない。

もちろん、ほかの惑星で生命を探すことは科学者にとってもまだまだ魅力的だが、その研究はほかのテレビ番組や映画より『スター・トレック　ザ・ドキュメンタリー』で描かれているものに似ている（ただし、薬物の乱用はないと願いたい）。研究対象として人気がある場所の一つは火星の地表だ。そこには過去に大量の水が存在した証拠が広範囲に残っている。水中で形成された原始の鉱物や粘土、縦横無尽に刻まれた河川の支流の跡、そして扇状地。それは火星の大気が現在より厚く、液体の水が安定していた時期に湖が存在したことを物語る。現在の火星には氷があるが、氷を熱すると、液体にならずにすぐに蒸発してしまう。かつて火星に生命が存在し、今でも存在しているとすれば、それはおそらく微生物だろう。どう見ても、複雑な動物に似た生命が火星の地表に存在していた手がかりはない。

火星のさらに先では、巨大ガス惑星の木星と土星を周回する衛星を覆った氷の下に海があることが探査機による調査で発見され、そこに生命が存在する可能性に関心が集まっている。木星の衛星であるエウロパは地球の月ほどの大きさしかないが、地球の海を合わせた量の二倍もの水をたたえている可能性がある。土星の衛星であるエンケラドスはエウロパよりもさらに控えめで、幅は五〇〇キロほどしかなく、イギリスを縦断する長さよりも短いのだが、この衛星にも特筆すべき点はある。有機物と水素などが混じった水を宇宙に向けて噴き上げていて、その地下の海は生命が存在可能な環境であるとみられているのだ。

こうした水を含む天体で微生物が発見されれば、科学者は大喜びするだろう。しかし、一般の人たちはがっかりするかもしれない。地球外の微生物は必ずしも宇宙人とはいえないからだ。それはなぜかというと、太陽系に散らばったさまざまな岩石がはるか昔から物質を共有してきたからである。小惑星や彗星が惑星などの天体と衝突すると、その天体の表面から砕けた岩石が宇宙のはるか彼方に放出される。小石ではなく、山のように大きな岩石が多量に飛び散るのだ。これほど激しい衝突はめったに起きないが、それによって宇宙に放出される物質の量をあなどってはいけない。最近では、一年間でおよそ〇・五トンの火星の岩石が地球の大気を通り過ぎて地表に落下している。あなたが火星の石を拾う幸運に恵まれていないのだとしたら、それはおそらく火星の石のほとんどが海か人の住んでいない砂漠に落ちているからだろう。火星の石が自宅の庭に落ちる確率はかなり小さい。
とはいえ、地質学的な歴史のなかで、宇宙の天体はかなりの量の物質を交換している。そうした岩石のなかで微生物が生きている可能性があるのだ。科学者は天体衝突の模擬実験として、細菌を含んだ岩石の小片を加速器を用いて高速で硬い標的に衝突させる実験を行なってきた。その結果、細菌は衝突の強い衝撃に耐えられることがわかった。だから、地球の微生物が火星に到達しているかもしれないし、その逆もありうる。実際、ありえないように聞こえるが、地球の生命はもともと火星で生まれ、岩石に乗って地球に移動してきたと考える人もいるくらいだ。ひょっとしたら、人類を含めて地球に存在するすべての生き物は「火星人」だったのかもしれない。私たちの火星探査からこんな結論が導き出されるのだとしたら、想像力をかき立てられるし、皮肉でもある。

ほかの惑星に生命がいるとして、惑星どうしが生命を交換している可能性があるということは、太陽系のほかの天体で見つかる生命は地球の生命と似ているか、そうでなくても明らかに関係しているだろうとわかる。それはがっかりするような発見かもしれないが、これでこの地球外生命がつまらなくなるわけではない。心理学から社会学、遺伝学までさまざまな分野の研究者が出生時に行き別れになった双子から多くのことを学んでいる。これと同じように、私たちのいとこが過去数十億年間何をしていたかを研究することでたくさんの知識を得ることができる。とはいえ、その微生物は完全に地球外のものというわけではなく、起源や足跡は地球の生命と関連があるだろう。本物の地球外生命を求めているなら、地球外で見つけた生命が、地球の生命とは完全に異なる系統をたどっていなければならない。そうすれば、正真正銘の地球外生命として研究できる。

これは『スター・トレック』とはまったく違う世界だ。宇宙船の乗組員はビームで惑星の地表に降り立つことはなく、微生物を少し収集したら、残りのエピソードでは微生物を顕微鏡で調べ、その生態について延々と議論して過ごす。『スター・トレック』の脚本家が興味を示した微生物は、自己認識能力をもつかのようにエンタープライズとその乗組員の活動を妨げるものだけだ。正直言って、これにはいささかがっかりしている。個人的には『スター・トレック』で宇宙の微生物に関する研究が描かれたら面白いし、ためになると思うのだが、これは微生物学者の意見だから、同意しない読者もいるだろう。私が乗ったタクシーのドライバーは同意しなかった。

「少なくとも何かの生命が登場したら、『スター・トレック』は成り立つと思う?」と私は尋ねた。

「とがった耳の登場人物はいないけど、岩石や土のなかから興味深い微生物やほかの奇妙な生き物がたくさん出て来るとしたら?」こんな質問をしたら、自分が筋金入りのマニアだと言っているようなものだとわかっていた。聞きたかったのは、大衆は研究室で実験している場面を三〇分か四〇分見せられて面白がると期待できるかどうかだ。たとえそれがエンタープライズの艦内で行なわれたとしてもだ。ドライバーはまったく興味を示さなかった。

「たいして見るべきものがなさそうですね」。ジョージ通りへ曲がったところで、彼女は言った。一八世紀の街並みが続く通りは、緑や赤、銀色、ランタン、照明、そしてにぎやかな声で彩られていた。

エンタープライズは太陽系にとどまっていたわけではない。銀河系のはるか遠くまで旅すれば、もっとよいチャンスに恵まれるだろうか? 現時点でそれはわからないが、探索は行なわれている。天文学において過去三〇年で最も順調に成果をあげている分野の一つが、ほかの恒星を周回する地球型惑星の探索だ。このいわゆる系外惑星は、宇宙に関する私たちの考え方と探索対象に大変革をもたらした。これまでに、NASAの系外惑星探査衛星であるケプラーとTESS（トランジット系外惑星探査衛星）による探査で、多種多様な系外惑星が存在することが明らかになり、なかには恒星と公転軌道の距離が液体の水の存在に適した範囲にある惑星もある。こうした惑星が位置する領域はハビタブル・ゾーン（生命が生存可能な領域）と呼ばれ、恒星を取り囲むように存在する。この領域に位置する惑星の表面は、暑すぎて水が沸騰することもなく、寒すぎて水が凍ることもない、ちょうどよい量の放射を恒星から受ける。この領域は「ゴルディロックス・ゾーン」とも呼ばれ、ここで発見された惑星の多くはガス惑星ではなく岩石惑星であり、生命の生存に適している可能性がある。現実にカーク船長がいれば、訪れる場所がたくさんあるということだ。

この先二〇年のあいだに、さらに高性能な望遠鏡が登場し、遠くの惑星の大気に含まれているガスの成分を観測できるようになる。そうなれば、生命の生存に適しているかどうかがさらに詳しくわかる。望遠鏡は遠くの光を観測する装置であるが、どうやってガスの成分を観測できるのか。探査機を送り込んで、系外惑星の大気の化学サンプルを採取するわけでもないのに。それを実現する装置が、分光器だ。これは物質が放出、反射、あるいは吸収する光をもとにその成分を特定する装置で、決して新しい技術というわけではない。系外惑星の場合、私たちが注目するのは望遠鏡でとらえられない光だ。恒星の光が惑星の大気を通り抜けるとき、大気中のガスが特定の波長の光を吸収する。この失われた波長が、スペクトルのその部分で光の強さの谷として検出される。その谷が、特定のガスが含まれている痕跡となる。たとえば、望遠鏡に入ってきた光で酸素に関連する特定の波長が欠けている場合、大気中に酸素が存在することがわかる。このように、系外惑星の大気を通過する光を調べるだけで、大気の成分を知ることができる。

発見されるであろうガスの多くは、岩石惑星の大気で見つかると予期される二酸化炭素や窒素などだ。幸運に恵まれれば、水の存在を示す痕跡も検出されるかもしれない。大気中に大量の水を含んでいれば、おそらくその惑星の表面にも大量の水が存在するだろうし、ひょっとしたら生命の生存に適した海があるかもしれないから、非常に刺激的な発見となるだろう。

生命が存在する可能性を示すガスを見つけることは重要だが、私たちはそれ以上のことも可能だ。生命の存在そのものを示すガスを探すこともできる。生命を見つけるためには、生物が生成するガスを探さなければならない。だが、それはかなり難しい。生命の活動で生成される多くのガスは、地質学的な活動でも生成されるからだ。そのため、生命の存在を示す確実な痕跡にはならない。とはいえ、なかには有望なガスもある。酸素は光合成で生成されるから、系外惑星の大気で酸素が見つかれば、その表面に生物が存在する強い痕跡となる。地球では酸素が大気の二一%を占めている。この著しく高い濃度の酸素は、細菌や藻類、植物が二酸化炭素を取り込み、太陽光を吸収して、みずからの成長に必要な糖を生成した老廃物が蓄積したものだ。系外惑星の大気中に似たような濃度の酸素が見つかったら、科学界では大歓声があがるだろうか。

かもしれない。残念ながら、大量の酸素が見つかっても生命が確実に存在するとは言えないのだ。生物の活動がなくても、大量の酸素が生成されることはある。強烈な放射線で十分な量の水が分解されると、その構成物質である水素と酸素ができる。しかし、事前に用心してコンピュータモデルを注意深く用いれば、生命以外の理由で大気中の酸素濃度が高くなっている事例を正確に知ることができ、大歓声をあげる前にその惑星を候補から除外することができる。

カーク船長にとっての問題は、生命が生存可能な惑星で酸素を見つけたとしても、それが知的生命の存在を示すわけではないことだ。人類のような知的生命にとって、まわりの環境からエネルギーを集めるために酸素が必要なのは確かである。しかし、酸素を含んだ惑星に生命が存在しているとしても、細菌が液体のなかでガスを放出しているだけで、『スター・トレック』のクリンゴン人のような宇宙人は見当たらないかもしれない。だから、最終的に顕微鏡でしか見えない生命が発見される可能性があると、心構えをしておくべきだ。宇宙は単純な生物に支配されているかもしれない。

この宇宙に複数の豊かな文明が存在しない可能性が浮上したら、私たちはがっかりすべきだろうか？　すべきかどうかはともかく、がっかりすることは間違いない。私は落胆するだろうし、たぶんあなたもそうかもしれない。これはじつに人間的な反応だ。私たちはこの宇宙で孤独でないことを知りたいし、銀河間のコミュニティに加わる興奮も味わってみたい。将来、宇宙人と多岐に渡る示唆に富んだ会話を果てしなく続けられたら、そこから得られる利点はたくさんある。こうした期待感を抱くことは決して悪くなく、そうした気持ちが探査を続け、「奇妙な新しい惑星と文明を見つける」という『スター・トレック』のミッションを遂行する原動力となる。

もちろん、知的かどうかにかかわらず地球外生命がこの宇宙に存在しないと示すのは難しく、実際のところ不可能だろう。数十億光年離れた惑星に孤立した社会が存在しないことが、どうやったらわかるのか？　たとえば、生命に必要な要素をすべて備えた地球型惑星を数千個調べたとしよう。銀河系で見つけられる最も有望な候補だが、そのすべてが不毛の地だった。だとしたら、これは何を示しているのか?

知的な文明がほとんどないという結論は明確ではあるが、それだけで終わらず、こうした惑星を調査して、微生物を含めた生命が存在しているかどうか、あるいは存在していたかどうかを探ることはできる。話し相手になる宇宙人はいないという現実を突きつけられる可能性はあるが、宇宙は細菌のような生命であふれていることもわかるかもしれない。この発見は重要だろう。生命は簡単に始まることができるが、自己複製可能な単細胞から、多細胞生物を経て知的生命に行き着く進化がめったに起きないことを示しているからだ。その道のりのどこかに達成困難な壁がある。

あるいは、宇宙には生命に必要な要素をすべて備えた惑星がたくさんあったとしても、そのほとんどすべてに生命が存在しないことを見いだすかもしれない。宇宙には生命が生存可能だが存在しない惑星がたくさんあるというこの結論は、意外だが示唆に富んでいる。生命が生存可能な条件はありふれているが、化合物を自己複製して進化する生命に変える一連の出来事は珍しいということになる。この場合、微生物から知的生命が生まれることは簡単だが、微生物自体が出現することは難しいとも考えられる。生命の出現はめったに起こらない条件を要するきわめて繊細なプロセスだということになる。

宇宙で生命が出現しない道筋はたくさんあり、それは宇宙で知的生命が出現する道筋の数よりはるかに多い。どの道筋も、私たち自身の起源や、私たちが出現する確率がどれぐらいあるか、そして、どんな落とし穴や偶然の出来事が私たちの出現を妨げているかを教えてくれる。地球に生命が出現したことは、ほぼ奇跡的な出来事だったのか？　複雑な多細胞生物の出現は珍しいことだったのか？知的生命が出現する条件は特殊だったのか？

こうした疑問と有意義に向き合うためには、ほかの惑星で生命や知的生命を見つけ出す必要がある。見つけて初めて、私たちは確固たる結論を導き出せる知識を得ることができる。つまり、カーク船長が文明をしつこく探して宇宙の隅ずみまで行かなくても、さまざまな知識を得られるということだ。カーク船長が原始的な生物しかいない惑星も研究すれば、その科学的な知識はずっと豊かになるだろう。そうすれば、エンタープライズは宇宙の生命を理解する探究に本気で取り組んでいることになるだろう。こうした願望は『スター・トレック』の視聴者にはいささか退屈かもしれないが、論理的な思考ができるバルカン人のスポックなら同意してくれると、私は確信している。科学は空想や願望を満たそうとするものではない。宇宙のしくみを少しでも解明しようとするなかで、仮説を検証する役割を果たすものだ。

つまらないやつと思ってもらってもいいが、エンタープライズの乗組員はダメな科学をやっていると、私は常々思ってきた。冒頭の文句はこうあるべきだ。「宇宙、それは最後のフロンティア。これは宇宙船エンタープライズの旅の物語である。五年にわたるそのミッションは、未知の新たな惑星を探検し、地球外生命の仮説を検証し、微生物の出現する要素や、生命の存在しない惑星ができる要素を理解し、誰も行ったことのないところへ果敢におもむくこと」。でも、私が脚本家だったらすぐに解雇されるだろうけど。

宇宙で新たな文明を見つけることはすごいことだから、人間の想像力をくじくようなつまらないことはナシにしよう。でも、私たちが何をやるにしろ、あるいは何をやらないにしろ、その過程での発見は私たち自身や宇宙における私たち人間の境遇について多くのことを教えてくれる。この宇宙に生命が存在せず、私たちが孤独であることを確認するだけでも、宇宙における私たち人間の境遇についての理解が大きく深まる。カーク船長と乗組員たちが手ぶらで帰ってきたとしても、彼らの五年間のミッションは大成功を収めたといえるだろう。

火星の地表はさまざまな面で過酷な極限環境だ。NASA の火星探査車「キュリオシティ」が撮影した写真を複数組み合わせたこの画像には、放射線が降り注ぐ火星の乾いた砂に探査車が刻んだ轍(わだち)が写っている。

地下研究所で惑星探査車のテストを監督するため、ヨークシャーのボールビー鉱山に向かうタクシーのなかで。

第12章　火星は住むにはひどい場所？

ヨークシャーのムーア（荒野）を走って二〇分ほどたったところで、会話が面白くなった。いや、誤解しないでほしいのだが、ムーアの景色はすばらしかった。でも、何もない場所では、会話がいい暇つぶしになることもあるのだ。

「美しいところだね」と私は言った。「でも、こんなにすぐ田舎に入るなんて驚きだ。ここで車が故障したら、本当にまずいね」

ドライバーはうなずき、「確かにそうだな」と言って笑った。彼は中年で、訛りはヨークシャーというよりイングランド南部のものだ。青いシャツを着て、青い縁の眼鏡をかけている。開いた窓に腕を乗せ、指で窓枠の外側をたたいている。

目的地はボールビー鉱山。地下一六〇〇メートル近い深部に総延長一〇〇〇キロの道路が張りめぐらされていて、その数年前から、私は共同研究者たちとともに探査車などの宇宙探査技術をそこでテストしてきた。言ってみれば、ヨークシャーの地下深部にある小さな火星だ。かなり前から、この鉱山には世界有数のすばらしい地下科学研究所が設置されている。二億五〇〇〇万年前の岩塩のトンネルに設けられたその研究所は、空調のきいた無菌状態の施設で、SF映画から飛び出してきたようだ。ここでは科学者がダークマター（暗黒物質）を探している。これは宇宙を構成していると考えられている要素の一つだが、その正体はいまだにわからない。そして、地下のトンネルには微生物が棲み、岩塩に含まれている太古の食物を少しずつ食べている。微生物は、永遠に暗闇で生きるようになった。天文学者がダークマター検出の妨げになる放射線や迷い込んだ粒子の遮断に地下深部のトンネルを利用する一方で、生命を研究する私たちは微生物の生態を探ろうとしている。

太古の岩塩は火星でも見つかっていて、この塩の影響で探査車のカメラや観測装置といった機器が故障することがある。だから、ボールビーのような場所で探査車の設計をテストして、塩への耐性を確認しているのだ。反対に、小型かつ軽量で宇宙探査に使える頑丈な機器は地球での採鉱技術の向上に役立てることができる。採鉱に伴う環境への影響を軽減したり、地球の希少な資源をより有効に活用したりするのに使えるかもしれない。つまり、ボールビーの地下深部のトンネルでは、宇宙探査と地球上の課題（商業的に成り立ち、かつ持続可能な採鉱）が対峙しているということだ。このテストの話は、NASAと欧州宇宙機関、そしてテスト対象の探査車が製作されたインドからヨークシャーのチームに持ち込まれた。私たちはさらに、この鉱山で訓練の一部を行なう宇宙飛行士を受け入れたこともある。将来、ほかの惑星でサンプルを採取するやり方を学ぶために、岩塩の掘削やかき出しを行なっていた。故郷の惑星の問題を解決しながら、宇宙への関心を高められる、胸躍るような方法だ。「美しい場所だよ」とドライバーは同意し、目の前のムーアを見渡した。「でも、別世界のようにも見える」。タクシードライバーによくあることだが、彼は私に火星について話すきっかけを与えるというとんでもない間違いを犯した。宇宙生物学者にとって「別世界」という言葉は、闘牛に赤い布を見せるようなものだ。私は尋ねてみた。

「別世界と言えば、実際に別の世界に行ってみたいかい？　火星みたいな場所に」

「寒いよね？」と彼は答えた。「ヨークシャーよりずっと寒い。そのチャンスに飛びつくなんて言えないね、わかんないけど。人間はどこにでも行くから、行って住むんだろう。いつかは都市を建設するだろうね。でも、決してヨークシャーにはならない」。この最後の言葉がいちばん強く印象に残った。この比較には何気なく確信の気持ちが込められている。

「あなたなら、火星に住む？」

「絶対やらない。宇宙企業の億万長者なら、喜んでやるだろうけど。あまりにも度を超しているよ。私はヨークシャーが好きだ」

このように簡潔できっぱりした見方は、火星に熱中している私のような者にとって、がっかりするようなものだ。まるでディナーの相手と自分の興味がまったくかみ合わず、火星と宇宙の話題を出せなくなった気分である。しかし、ドライバーの見方には火星に対する無関心以上の何かがある。美しい景色のなかを通り過ぎているとき、彼にとってヨークシャーはまさに住みたい場所なのだと私は思った。火星をどう思っているにしろ、地球のこの場所にいればそれで十分に満足できるのだ。こんなムーアに囲まれて暮らしている彼の言うことを、誰も責められない。彼は故郷に住んでいる。

火星に住む。この言葉から、宇宙船、未来的な宇宙服といったものが思い浮かぶ。愛犬にも宇宙探査用の服が必要だ。昔から人びとは火星というフロンティアでの新生活を夢見てきた。彼らは異星をめざす最初の移住者となる。最初、暮らしは厳しいだろうが、日の当たる火星の高地に集まる人が増えるにつれ、生活はだんだん楽になる。彼らはまさに、居住地を一から築いた最初の移民団だ。そのような状況で、新しい世界を創設し、はるか遠くの地に私たちの文明をもう一つ築く機会を逃す者はいるだろうか？　アメリカ大陸への入植の二一世紀版だ。ただし、火星には知的生命はいないから、今回は先住民の強制退去や搾取、破壊行為は伴わない。それは道徳的な問題とは無縁のフロンティアであり、人類全体が誇れる領土拡大となるだろう。

アメリカ西部への入植者と同じように、自給自足の生活には創意工夫が必要になるが、そのやり方はわかっている。たとえば、燃料は火星の大気から生成することができるが、その際、燃料となる炭化水素を簡単に手に入れられるという先入観を捨てないといけない。火星の地下には掘削できる石油が埋蔵されているわけではない。知られている限り、火星には時間とともに化石燃料に変わる太古の生物圏は存在しなかったからだ。しかし、火星の大気には大量の二酸化炭素ガスが含まれ、それを燃料の原料とすることができる。水を電気分解（発電方法としてはまず風力や原子力が考えられる）することによって得られた水素と二酸化炭素を混ぜ、金属の触媒とともに弱く熱すると、メタンが生成されるのだ。このガスを液化し、二酸化炭素から得られる酸素と混ぜ合わせれば、ストーブで燃やすこともできるし、探査車の燃料に使って火星を旅することもできる。

この燃料があると何か牧歌的な光景が思い浮かぶ。火星の寒い冬の日、メタンのストーブを囲んで家族が座っている。かすかな風が、居住地の外れで向きを変えてうなる。子どもたちが与圧されたワ

第12章　火星は住むにはひどい場所？

ゴンに乗り、過酷な環境と対峙する準備をする。地球、そして過去についての思い出を語り合う。
テクノロジーを駆使した銀色に輝く火星の居住地が舞台であるとはいえ、こうしたイメージはチャールズ・ポーティスの一九六八年の小説『トゥルー・グリット』に少し似ている。自給自足の生活を送り、火星というフロンティアの極限環境と対峙するというイメージが、歴史に名を残したいと切望する者や、もっと厳しい環境で生き生きと暮らす生活に逆戻りしたいと願う者を引きつける勇敢な夢物語へと変容する。だから、宇宙探査を愛好する多くの人に、火星のフロンティアが領土拡大という人類の夢を実現できる場所とされていることは意外ではない。ここは最も気高い自分を演じられる劇場だ。

この夢には否定できない真実がいくつかある。火星移住を成功させようとしたら最善を尽くさなければならないという点だけではない。入植には困難が伴う。この挑戦ではおそらく何人かの犠牲者が出るだろうし、人類の創意を最大限使わなければならないことは確かだ。火星への入植には私たちのもてるものすべてを注ぎ込まなければならない。火星は私たちの決意を容赦なくすりつぶす。よりいっそう強い決意をもち、困難から立ち直る力を高めなければならない。

実際、火星の環境はあまりにも過酷であるし、ヨークシャーはあまりにも美しい。タクシードライバーの意見に同意したとしてもそれは仕方がない。まず、火星の大気では二酸化炭素が九五％を占め、酸素は〇・一四％しかないから、この割合では人間は決して生きられない。それだけでなく、大気圧は地球の一〇〇分の一ほどしかない。どの点から見ても、火星の大気は微量の有毒ガスを含んだ真空に近いものだと言っていいかもしれない。人類の入植者は外出するときには宇宙服が必要だし、住居は密閉して与圧され、生存に欠かせない酸素を含んだ呼吸できるガスで満たさなければならない。

　地球と違って有毒ガスに包まれているため、火星は開拓時代のアメリカ西部とはまるっきり違う。火星の大気中では人間は窒息してしまうので、移動が制限される。これは新世界に入植したヨーロッパの人びとが直面したどんな制限よりも厳しい。もちろん彼らはガラガラヘビや鉄砲水、そして敵意をもった入植者から身を守ろうとする先住民に気をつけなければならなかった。しかし、こうした危険はそこらじゅうにあったわけではなく、どれもある程度たやすく軽減することができたが、火星の有毒な大気はどこにでもあるうえ、準備を怠った者は一瞬にして命を奪われる。火星に住む者はひとときも気を抜けない。危険は常について回り、解放感の隙を突く。安全な場所など、どこにもない。ヘルメットのバイザーに一本でも亀裂が入ったり、居住地で空気が漏れたりすれば、すべてが失われる。火星は地球上で入植者が誰も経験したことのない過酷な環境なのだ。

　さらに悪いことに、有毒な大気に命を奪われなかったとしても、荒漠とした環境のなかで命を失うおそれがある。三〇億年以上前、火星は湖と川に覆われていた。火星を周回する宇宙船から撮影された詳細な写真には、曲がりくねった河川が荒涼とした大地に縦横に走る風景が写っている。北半球には海も存在したとも考えられている。しかし、火星の気温が下がると、すべてが一変した。当時の地球でも寒冷化は進み、火山活動が活発な若い時代から、もっと穏やかで住みやすい大人の時代に入っていた。しかし、この変化は火星より地球のほうがゆっくりと起きた。このことが、火星とは異なり、現在の地球に生命を維持できる大気と広大な生態系がある理由と大いに関係している。火星の直径は地球の直径のおよそ半分しかない。小さなパンが大きなパンの塊より速く冷えるのと同じように、火星は地球よりも速く熱を放出した。冷えるのがあまりにも速かったため、火星の溶けた核が回転を停止し、火星で磁場を発生させる機構も止まり、磁場が消失した。そのため、火星は太陽から降り注ぐ粒子から守られなくなった。地球にも粒子は降り注いでいるが、核が回転し続けているために磁場があり、粒子の大部分が地球からそれていく。火星では、太陽放射が無防備な大気をずたずたに切り裂き、大気のほとんどが宇宙空間へと散ってしまった。さらに、小惑星や彗星の衝突も大気を熱し、大気の拡散をさらに促した。大気が薄くなると、地表の大気圧が小さくなりすぎて、水を液体のまま保てなくなった。水は地下で凍ってしまった。

残ったのは乾燥した岩肌が露出した大地だ。長年にわたって絶え間なく吹く風が容赦なく岩を浸食し、微小な塵が火星の地表を覆って、あらゆる場所を赤く染めた。現在の火星は赤い塵に覆われた広大な砂漠である。サハラ砂漠、モハベ砂漠、ナビブ砂漠でさえ、至るところが乾燥した火星には及ばない。そうした浸食された岩石には、水が大地を刻んでいた頃の過去の火星に川や湖に棲む生物が存在していたかどうかを知る手がかりが残されているだろう。ひょっとしたら、現在の火星の地下には何らかの生命の痕跡があるかもしれない。この可能性は魅力的で、科学者や探検家をやきもきさせ、地球から最も近いこの惑星にいつか行ってみたいという気にさせている。

しかし、火星に微生物が存在していたかどうか、そして微生物が今も地下の岩石に含まれる栄養分を吸収して生きているかどうかは、メタンのたき火を囲んで愉快に座る開拓者の一団にはほとんど関係ない。彼らにとって、火星の歴史の成り行きは一目瞭然だ。川もなく、湖もないし、地下水が湧き出る小さな泉から水を手ですくって飲むこともできない。植物も生えていないし、火星の砂漠で風に吹かれて転がる枯れ草もない。火星は地球上で最も過酷な砂漠よりも死に近い。サハラ砂漠の最奥部でさえ、飢えと脱水に陥って死を迎えるときにも、空気を吸い込んであの世に旅立つことができる。

タクシーが小道に入ると、ムーアは一瞬、人間の集落に遮られて見えなくなる。右手の角に村の商店が見えた。三人が外に座り、古ぼけた赤い電話ボックスが立って、古き良き過去を伝えている。ドライバー自身が熱望していなかったとしても、火星を人類全般の新たな居住地として考える気があるかどうか、彼に尋ねてみたくなった。「しつこく尋ねるつもりじゃないんだけど、将来、火星が新たなフロンティアになると思う？　誰かが別荘にすると思うかい？　ムーアみたいな場所じゃないのはわかっているけれど……」

「するだろうね。人間はどこにでも行ってきたから。何かをやると決めたら、やるんだ。だから、誰かが行くと思うね。誰かがあそこに進んで行って住むか？　住むさ、別荘みたいにしてね。そうだろ？　でも、むちゃくちゃ寒いことには変わりない。ヨークシャーのほうが好きだな」

今回はさっきより楽しそうに答えてくれたが、ムーアが火星に勝るのは同じで、その理由は理解できる。火星は魅力的だが、現実的に考えて、ムーアを紫や緑、ピンクに彩るモウセンゴケやヒース、クランベリーに匹敵するものはあるだろうか？　このイングランド北部の吹きさらしのオアシスを飛ぶチドリやコチョウゲンボウ、カッコウ、ダイシャクシギに代わる生き物はいるのか？　私の心はムーアから火星、火星からムーアへと行きつ戻りつした。

ヨークシャーは決して温暖な楽園ではないが、ドライバーがわかっているように、火星に比べればはるかによい。地球では大気が温室のような役割を果たし、宇宙の極度の寒さを遮って私たちが快適に暮らせる気温が保たれているが、火星では過酷な極限環境に耐えなければならない。赤道では、太陽の光をたっぷり浴びて二〇℃を超える快適な気温になるが、火星のほとんどの地域は凍えるような寒さだ。火星の平均気温はマイナス六〇℃ほどで、極地の氷冠は南極大陸よりはるかに寒いマイナス一五〇℃にもなる。

火星で荒涼とした極寒の砂漠に住んでいる人は、もう一つの敵にも直面することになる。それは太陽放射だ。酸素がほとんどない火星には、太陽から降り注ぐ紫外線の大部分を遮断してくれるオゾン層がない。火星の地表では地球よりおよそ一〇〇〇倍も速く日焼けする。ただし、肌を露出したら息が吸えなくなって、日焼けで赤くなった肌を楽しむ間もなく死んでしまうだろうけど。将来、火星に入植するときのためにもっと重要な情報をお伝えしておくと、地表に降り注ぐ放射線は強力で、プラスチックは劣化や変色の被害に遭うだろうし、ほかの素材も劣化するうえ、作物も保護しなければ枯れてしまう。

さらに、太陽や銀河系から来る目に見えない侵入者もいる。陽子や高エネルギーのイオンが、太陽などから火星の地表に降り注いでいるのだ。地球の地表は大気と磁場によって守られているので、私たちが受ける影響は火星の一〇〇分の一ほどしかない。しかし、火星の住民は、がんなどの放射線によるダメージを受ける危険性が高い。火星の環境はゆっくりと容赦なくDNAをむしばむのだ。

私が大げさに言っていると思う読者がいるかもしれないから、アメリカに最初に入植した人びとが直面した危険のいくつかが火星にないことにも触れておこう。武器をもって夜間に攻撃を仕掛けようと待ち伏せる先住の火星人はいないし、入植者の作物や住居を吹き飛ばす激しい嵐やハリケーンもない。火星は地殻変動もそれほど活発でないため、火山噴火や地震の被害に遭うこともないだろう。とはいえ、これは決して火星の自然が穏やかだと言っているわけではない。すでに遭遇した数多くの危険のほか、赤い塵が絶え間なく惑星を循環し、あらゆる場所に入り込む。

こうした体への危険に加えて、火星は心の健康にも問題を引き起こすことは確かだ。火星の居住地から外に目を向ければ、ところどころにオレンジ色が混じるものの、見渡す限り赤色と言ってよく、地平線の上にはサーモンピンクの空が広がる。地面の赤い塵を足で払うと出てくるのは、風化されていない灰色の玄武岩だ。だが、地球はどうだろう。空の青、木々の緑、春に咲く花のピンク、青、オレンジ、紫、黄褐色。火星に住む人たちにとって、こうした色はコンピュータ画面や、植物を育てる区画、居住地の窓枠でどうにかぽつんと芽を出した植物ぐらいでしか目にしない。それ以外はどこを見ても赤だ。この単調な色に囲まれた生活に、あなたは耐えられる？

この死の惑星が科学者にとって多大な可能性を秘めていることに、ほとんど疑いの余地はない。火星に生命が存在したかどうかを知りたい科学者が待ち望む研究対象だ。火星の岩石の大部分は三〇億年以上前のもので、過去に生命が存在可能な環境だったという手がかりを秘めている可能性があり、それが一つの発見となりうる。対照的に地球では、太古の岩石の大部分はプレート運動によってとっくの昔に破壊されている。大陸どうしがぶつかり合うことによって、岩石が絶え間なく地下に埋もれ、圧力を受け、熱せられて、過去の記録が跡形もなく消し去られるのだ。こうした活動がない火星は、初期の惑星の地質学的な作用に加え、ひょっとしたら生物学的な作用を垣間見せてくれるかもしれない。そして、火星に生命が存在しなかったことがわかった場合、非常に興味深い疑問が生じる。岩石と水があったにもかかわらず、なぜ火星には生命が誕生せず、そのきょうだいの地球に生命が芽ぶき、花開いたのか？　火星に行くチケットがあれば、私を含め、さまざまな考えをもつ科学者が即座にそれをつかむだろう。

ひょっとしたら観光客はこうした不毛の地を経験したいのかもしれない。サハラ砂漠を歩いて横断する人、四輪駆動車でデスバレーを走る人、そしてラクダに乗ってナミブ砂漠を渡る人もいる。火星を観光する人たちなら、与圧された探査車の後部座席に乗って広大なエリシウム平原を横断し、深さ五キロもあるマリネリス峡谷の裂け目をのぞき込んだり、北極の氷冠の果てしなく白い荒野に立ってその風景を眺めたりするのだろう。そう、冒険好きの人は休暇で行きたい夢の場所のリストに火星を加えるであろうことは容易に想像できる。とはいえ、火星に滞在して一、二週間もすれば地球に戻りたくなりそうなこともまた容易に想像できる。サハラ砂漠を歩いた人で、快適な自宅を捨て、死ぬまで砂漠に残ろうと自分から決めた人はほとんどいない。これと同じで、火星はお金をかけて目新しい希少な体験をする場所としてはぴったりだが、家としてはふさわしくないのかもしれない。

火星を経済活動のために利用しようと考えた場合、事態はもっと予測しにくくなる。金もうけの期待があると、人びとは常軌を逸したようなことをやるものだ。火星の塵の下に高値で売れる何かが埋まっているとしたら？　人びとが採掘しに押し寄せるような鉱物や希少な鉱石が火星に存在するかどうかはわかっていないが、存在しないとも限らない。信じられない話ではないのだ。火星はまた、木星とのあいだに位置する小惑星帯で膨大な量の白金族元素や鉄、水を採掘するなど、太陽系でほかの活動をするための拠点にもなりうる。太陽系のその領域のなかでは、火星は比較的よく守られている。

鉱山会社が従業員や機器を配置する拠点にするかもしれない。

それでも、火星という岩の砂漠に根を下ろすことは想像しにくい。住むにしても、短期間だけの居住が最も現実的だろう。火星の基地で、さまざまな関心のもとに集まった科学者、観光客、採掘労働者がバーで談笑する光景が思い浮かぶ。隔絶された世界に住む者どうしに生まれる友愛の気持ちを楽しむだろう。でも、必要以上に長く滞在することはない。観光客は地球に帰る宇宙船に乗り込み、科学者は資金が尽きたら調査を終え、採掘労働者は当番が終わったら帰る。火星に行ったことのある人は誰もいないから、これはまだ空想でしかない。しかし、いったん誰かがその環境をじかに経験すれば、考えが変わるかもしれない。

地球の状況を考えれば、火星に不動産ブームが起きるかもしれないとの考えを疑問に感じるだろう。カナダ北部の北極圏地域の人口密度が一平方キロ当たり約〇・〇二人であることを考えてみよう。対照的に、ロンドンの人口密度は一平方キロ当たりおよそ五七〇〇人だ。なぜこれほどの違いが生じるのか？　北極圏に到達する難しさなどの理由が思い浮かぶだろう。たぶんカナダ政府は北極圏への移住者に市民権を付与し、奨励金を支給し、移住に伴う費用を負担するなどの移住促進策が必要かもしれない。だが、それでも足りないだろう。物流や設備を完璧に整えることもできるだろうが、それでも、冬にはマイナス四〇℃にもなるカナダ最北部の荒涼とした風景のなかで暮らすより、今自分が住んでいる場所にとどまる（あるいはロンドンに住む恩恵を享受するために法外な家賃を払う）ほうがいいと考える人が圧倒的多数ではないか。

なかにはイヌイットのように、そうした極限環境が故郷の特徴であるという民族もいる。しかし、もともと亜熱帯の生き物である人類の大部分は、どれだけお金をもらっても、カナダ北極圏のヌナブト準州に移住しないだろう。ましてや火星に行こうと思う人はさらに少ない。ヌナブト準州のほうがまだましだ。カナダ北極圏には呼吸できる大気があるし、気分を高めてくれる野生動物がたくさんいるほか、水は比較的入手しやすく、浴びる放射線量も地球のほかの地域とだいたい同じだ。北極圏で最も過酷な極寒の荒野であっても、火星より多彩な感覚を得られるだろう。凍えるような寒さであっても、一瞬で命を落とすほど過酷ではない。

ここで、これらの事実をすべて忘れ、火星がカナダ北極圏と同じぐらい魅力的で、地球の北極圏と同じぐらい簡単に人びとを連れていけるとしよう。さらに、その結果、火星全体の人口密度がカナダ北極圏と同じぐらいになったとしても、火星の人口は三〇〇万人にも満たない。これは地球の人口のたった〇・〇四％だ。これは新たな辺境の入植地、人類の新たな策、考慮すべき動かしがたい現実にはなりそうだ。第7章に書いたように、人類は多惑星の種にはなるのだろう。しかし、火星は地球のようなな文明のるつぼにはならないだろう。

やがて火星移住が可能になったら、多くの人が火星を夢見て、火星に移り住むと思う。でも、何人が滞在し続けるだろうか。目新しさから来る興奮がいったん冷めたあと、果たして何人が塵をかぶった巨岩の平原を眺めて、鳥の声や雨音、秋の紅葉、春の緑の若芽を恋しく思うだろうか？　希望に満ちた者、常に新しいことを求める者はしばらくのあいだ敢えて火星に残るかもしれないが、そのなかで火星を故郷と呼びたくなる人はいるだろうか？

私は科学者として、火星の画像やその風景、大量の水が存在した過去に心を奪われずにはいられない。

火星についてできるだけ多くのことを知りたい。しかし、遠い未来に、火星に足を踏み入れた多くの人が、南極点に到達したロバート・ファルコン・スコットと同じ気持ちになるとの思いを振り払うことはできない。二カ月半ものあいだそりを引いて白い荒野を歩いた末に、彼はこう叫んだという。「まさか、こんなにひどい場所だとは」。いつか火星の住人から似たような言葉を聞くことになるだろう。そして、こんな言葉を付け足す人も何人かいるのではないか。「私をヨークシャーに帰してくれ」

NASA が発表したこのイラストのように、月面基地の設計図は未来的で人をわくわくさせる。しかし、宇宙に入植した者は与圧された居住地と、機械で生成された酸素、そのほかの生命維持システムや安全システムに頼らなければならない。そうしたシステムは絶対に故障してはいけない。このような基地に住んでどれだけの自由があるだろうか？

科学論文についてのミーティングのあと、ウェイヴァリーからブランツフィールド通りまで乗ったタクシーのなかで。

第13章　地球外の社会は独裁制？　それとも自由？

「どんなお仕事で？」タクシーがマーケット・ストリートに入ると、ドライバーが尋ねてきた。彼は落ち着きのないタイプで、ダッシュボードの上に置いてあった紙をいじったり、シートでもぞもぞして落ち着く位置をひっきりなしに探したりしていた。ごわごわした茶色い髪を短く刈り込み、だぶだぶの黒いTシャツを着ている。会話を期待しているかのように、バックミラーから目を離さない。

私はとても疲れていて、話す気にならなかった。だから、自分の仕事について簡単に説明しただけで、彼にしゃべらせようとした。

「もしチャンスがあったら、宇宙に行くかい？」と私は尋ねた。

「行くと思うね。逃避にはもってこいじゃないかな。いずれにしろ、短いあいだだけだよ。住むのはちょっとね」

傷ついた地球からほかの惑星に逃避することについての私の見解はすでに述べたから、ドライバーの答えに対する異論を長々と書く必要はない。しかし、ドライバーは人類が破壊した地球からの逃避というより、短いあいだだけでもほかの惑星で新しい生活様式を試してみたいという気持ちのほうが強いように見えた。ほかの惑星での社会は地球の社会とはまるで違うと考えているのだ。この考えはよくある。結局のところ、ハリウッドのＳＦ映画は昔から、私たちの逃避へのあこがれを満たしてきた。『スター・ウォーズ』や『アバター』といった映画は宇宙を空想の遊び場に変えた。自由に想像力を働かせられる無限の空間だ。人類の創造力が生み出したこの宇宙の世界には、私たちの希望と恐怖が表れている。何らかのユートピアか、そうでなければ悪に満ちた世界かのどちらかだろう。ときどき優れた脚本家がいて、人類の文明の複雑さと深みに匹敵する宇宙の文明を考え出すこともあるにはあるが。こうした娯楽映画は興味深い疑問を投げかける。宇宙に出現する社会はどのようなものだろうか？　そして、そうした社会の一つに住むのはどんな気分だろうか？　ドライバーに尋ねてみたいと思った。

「でも、何かから逃避できると思う？　宇宙はすごく過酷な環境だし、生きていくためにはたくさんの人に頼らないといけない」

「缶詰みたいな場所に滞在しないといけないんでしょ。それでも、日常のあらゆる悩みから逃れられるよね」と彼は譲らない。

「でも、たぶん宇宙ではもっと悩みが出てくるかも？　そのうち、缶詰暮らしの問題に比べたら、日常のどんな問題もはるかにましに思えてくるかもしれない」

ドライバーはしばらく黙り込んだ。ブランツフィールド・プレイスに曲がるウィンカーの音だけが鳴り響く。

やがて彼は口を開いた。「確かにそうかもね。そのうち帰りたくなるだろう。でも、しばらくのあいだほかの場所に行って、何か違った体験をしたいな」

逃避することにここまで魅力があるのかと、私は興味をそそられた。いっしょに時間を過ごしたい人が誰もいない缶詰のような場所にいなければならないとしても、放浪にあこがれる者には宇宙滞在の可能性が魅力的に響くのだ。地球では、およそ一万年にわたる社会、政治、経済の活動が複数の考え方を築いた。その中身は多様であるものの、どの考え方も人類の地球での経験に基づいている。だから、宇宙での生活はまったく新しい何かを生む可能性を秘めていると考えても意外ではないかもしれない。地球上のどんな社会とも違う社会が生まれることだってありうる。フロンティアに進出するときに感じるわくわくした気持ちには、このうえない幸福感が含まれる。

カーク船長が新たな生命と新たな文明を探し求めるミッションを始めると告げたとき、私たちは理想的な未来の宇宙旅行に引き込まれた。一刻を争うせわしない経済活動が消えたようで、義理の親戚や税務署員との闘いもなくなり、探検だけを考えていればよくなったのだ。宇宙進出という一つの行動があらゆる問題を解決し、自由を手にすることができた。しかし、この未来はどれほど現実的なのか？　いつか人類が地球外に住むようになったとき、その地球外の社会は自由にあふれているのか？　それとも独裁者に支配されるのか？　どんな政府形態が最善なのだろうか？

こうした問いには現実逃避を夢見る人が描いた空想のロマンはないのだが、かと言って宇宙には政治が存在しないと言い張るべきではない。政治は宇宙人とはかけ離れているようにも思えるものの、人類が築く社会は、広い意味で宇宙における生命の問題、そして生命（この場合、私たち人類）が新たなフロンティアにどのように適応するのかという問題に大きくかかわっている。人類が宇宙に進出する場合、どのように私たち自身を統治し、よい社会を築くかという古来の問題と向き合うことになる。集団で宇宙に住む、そしてほかの惑星に住むという問題は非常に大きい。まず、宇宙のどこに行くにしろ極限環境であることに変わりなく、誰も自力ではできないほど複雑に環境を改変する必要がある。

考えてみてほしいのだが、太陽系で人類が立つことができ、大がかりな技術に頼らず空気を呼吸できる惑星は地球のほかには知られていない。これだけを考えても、伝えたいことがわかるだろう。地球の外に住むためには、最も基本的なニーズを満たす機構が必要になる。それは地球では必要のない機構であり、実現にはかなりの困難を伴う。しかし、ここで重要なのは不可能ではないことだ。地球から最も近い天体である月では、南極に存在する水から酸素を得ることができる。月の南極には深いクレーターがある。そこは永久に光が当たることはなく、地面に含まれている水が太陽光で蒸発することなく残る。地面を掘削して暖めれば、水を得ることができる。塵から抽出した水は電気分解の工程を経て水素と酸素に分解することができる。水素は工業に利用し、酸素は人間の呼吸に使うことができる。こうすれば呼吸するための空気が得られる。

これほど複雑な工程を経ることを考えれば、酸素の源から呼吸できる空気を得るまでに相当多くの人の手がかかることは容易に想像がつく。まず、誰かが岩だらけの月のクレーターまで行って、水を含んだ塵を掘削しなければならない。ロボットを使えば危険を多少軽減することはできるが、それでもロボットの操作は人間がするし、予備の部品も供給しなければならない。各工程を連携させるためにも多くの労力を使う。凍った塵を採掘したら、今度は誰かがそれを加工しなければならない。洗浄、抽出、ろ過といった複数の手順が必要だ。電気分解装置まで水を輸送し、水から酸素を生産する工程も誰かが監督しなければならない。そして、酸素を居住地や仕事場まで送るパイプも必要だし、パイプやポンプの保守や点検もしなければならない。

私たちが地球上で水道会社や電力会社に頼って生活しているのと同じように、月の酸素会社は暮らしに欠かせない貴重な存在であり、その重要性は水道会社や電力会社よりも大きくなる。地球上で水や電気がなくなったら、たちまちみじめな生活を送ることになるだろう。人工呼吸器に頼っている患者などにとって停電は命にかかわる問題でもある。しかし、私たちの大半は水や電気の供給が復旧するまで生き延びることができる。月の酸素会社の場合はそういうわけにはいかない。酸素の供給が途絶えたら、月の住人はすぐに死んでしまう。そのため、酸素は宇宙において政治問題の一つとなる。酸素原子の採取から消費者に酸素を届けるまでの技術や輸送を制御する人すべてが、大きな力をもつことになる。生産工程の一つひとつの手順に独裁者が入り込む余地がある。

これはぞっとするような考えだ。人類が宇宙に進出する未来が地球上での過去より絶望的になるなんて、誰が望むだろう？　人類の歴史を通じて、独裁者は資源を支配することをめざしてきた。食料、金属、水、土地、燃料。これらすべてを含め、さまざまな資源は少数の支配者が権力を握る手段となってきた。しかし、私たちが呼吸する空気を支配する手段をもった者は、これまで誰もいない。これまで社会が劣悪な独裁支配に直面したとき、勇敢な人びとにはその状況から逃れられる手段があった。

新たな家を建てたり、革命を企てたりすることができたのだ。しかし、空気自体が役人集団に支配されている場合、抵抗できる余地は非常に限られてくる。酸素を支配することによる抑圧をめぐって当局と対立すれば、彼らはうわべだけの謝罪をして、気密室の扉を開けましょうかと言ってくるだけだろう。そうすれば、月面で一秒か二秒は自由を楽しめますよ、と。

ほかの天体でも似たような独裁支配が生じうる。たとえ、その極限環境が月よりはましだとしてもだ。前に書いたように、火星には大気があるが、そのほとんどを二酸化炭素が占めているため、人間が呼吸することはできない。とはいえ、中央支配を避けて酸素を生産することはできる。火星では、水から酸素を抽出するという面倒な工程を経なくても、大気中の二酸化炭素から化学反応で直接、酸素を手に入れることができるからだ。ひょっとしたら、住民一人ひとりが自分の二酸化炭素分解装置を所有できるかもしれない。そうすれば独裁支配の不安から解放される。だが喜ぶのは早い。装置の製造と供給、定期点検には誰かの助けが必要だ。火星の住人もやはり空気メーカーのなすがままで、不安を抱えることになる。

宇宙では食料と水も権力を握るために利用されるだろう。月で小麦を一本育てるだけでも一筋縄ではいかない。まず、温室のような構造物で空間を囲んで、空気を供給しなければならない。月にはほとんど大気がなく、あらゆる点で宇宙の真空にさらされているため、その構造物は、植物を栽培できるだけの空気を注入してもその圧力に耐えられることが必要条件となる。温室の温度調整も必要だ。月面は太陽光が最も強い時間帯で一〇〇℃をゆうに超えるが、二週間ごとに訪れる極夜のあいだはマイナス一五〇℃を下回る。こうした極度の高温や低温にさらされれば、種子自体が死んでしまい、芽を出すことさえできないだろう。

地面自体はそれほど悪くない。火山性の玄武岩からなるため、栄養をたっぷり含んでいる。地球では火山性の土壌が分布する地域は屈指の肥沃な場所として知られている。しかし、月面には地球にはない問題がある。月の岩石には植物が育つために必要な窒素が含まれていないのだ。さらに、月の塵は乾燥している。こうした欠点は膨大なコストをかけ、ひょっとしたら人間の排泄物も含めて肥料を投入すれば改善することができる。そして、種子や若い芽には大量の水をやらなければならない。それがどれだけ大変かはすでに述べた。

この点でも火星のほうが多少は障害が少ない。地中に氷が広く存在するので水の入手が簡単だし、与圧された環境で育つ植物は大気中に豊富に含まれる二酸化炭素でよく育つはずだ。二酸化炭素は植物の光合成に欠かせない。植物は光合成で炭素原子を糖に変え、人間の空腹を満たす食料をつくることができる。ただし、気をつけてほしいのだが、これでもまだ植物栽培を阻む壁は残っている。月と同じように、火星も大量の放射線にさらされているからだ。オゾン層がない火星では、太陽から降り注ぐ紫外線は弱まることなく地表に到達し、地球上の一〇〇〇倍も速いスピードで植物を痛めつける。植物栽培用の温室には、もともと有害な紫外線を遮断する性質があるガラスか、紫外線耐性のあるプラスチックを使わなければならない。もちろん、どちらの素材も宇宙で製造するのは難しい。このように、簡単なサラダをつくるだけでも、人びとが多岐にわたる分野で多大な労力をつぎ込まなければならない。

こうした労力を結集することはできるし、それに関連する技術のなかで私たちの能力を超えたものはない。なかにはまだ存在しない技術もあるが、理論上は必要な装置や化合物類、材料をすべて開発することができる。しかし、それよりも難しいのが、相互依存の関係を維持できる社会を育むことにあるかもしれない。そうした社会を築かなければ、生活の基本的な基盤でさえ手に入れられない。月や火星で生命を維持するシステムには非常に多くの急所がある。個人や組織が住民の生存能力を奪い取るチャンスが、ごろごろ転がっているのだ。

あらゆる生命維持システムがさまざまな危険にさらされるというまさにその理由で、おそらく地球外の社会は厳しい監視と厳格な命令の文化という特徴が目につくことになるだろう。ボルトが一本ゆるんだだけで大惨事になりうる場所では、異議の表明、さらには気まぐれな行動が許される余地は少ない。もちろん地球にも危険はあるが、宇宙での危険はそれとは比べものにならないほど大きい。地球では、落石や潮の流れを警告する看板を設置すれば、一人ひとりが気をつけることができる。一方、宇宙では居住地内の気圧が不適切だったり、気密室の保守を怠ったりするだけで、あっという間に大量の死者を出すおそれがあるのだ。こうした状況では、権力者が厳格な統制を正当化しやすくなる。用心するに越したことはない。自分より多くの知識をもつ人物からの命令を疑う者には厄災が降りかかり、無数の人びとの命を危険にさらすことになる。環境自体が共通の敵となり、社会全体が連携して対処しなければならないから、住民たちはすぐに自主的にパトロールするようになるだろう。生き延びるためには、全員がこうした取組みに参加しなければならない。異議の表明は死を招くことになる。

このような社会では、おそらく個人は権力に黙従せざるをえなくなるだろう。住民の命を守る仕事をしている者に従う以外の選択肢はほとんどないからだ。こうした状況は、自治がよい暮らしと開かれた社会にとって欠かせないと見なす政治的なリベラリズム――ジョン・ロックやジョン・スチュアート・ミルといった政治哲学者が提唱したような考え――とは正反対だ。とはいえ、自治は実際のところ状況に依存する。膨大な量の食料と水があり、呼吸する空気も無尽蔵にある地球では、自立する機会を比較的手に入れやすい。一方、必要な資源を他者と複雑に連携して手に入れなければならない社会では、個人の領域はどうしても大幅に縮小してしまうことになる。

必然的に自由が制限される地球外の環境では、独裁主義への扉が大きく開かれている。居住地の管理人は自分の言うとおりに動く人びとを多く抱えることになり、それが独裁主義の隆盛につながっていく。自分の管理下にある人びとに忠誠心、さらには服従心を植えつけたいという気持ちを抑えられる人はいるだろうか？　しかも独裁者はパスポートを制限したり、壁や柵などの物理的な障壁を設置したりする必要もない。住民には逃げ場がないからだ。レジスタンスがひそかに集まれるような孤立した森や洞窟などはない。逃げるためには宇宙船が必要だが、それは簡単には手に入らない。おそらく権力者はそうした移動手段も管理していると考えられる。

人や店舗が集まった活気のあるエディンバラの繁華街をタクシーで走りながら、私は再びドライバーに話しかけた。「宇宙ステーションのなかでごく少人数の人たちといっしょに、たとえば死ぬまで過ごすとしたら、だんだん息が詰まりそうになると思わないかい？」ここまで読んでくれた読者なら、私が宇宙に対して悲観的な考えをもっていないことはわかってくれているはずだ。私はチャンスがあれば喜んで火星に行くが、冷静に判断することが重要だと思う。ドライバーは楽観的な見方をしているのか、それとも現実逃避がそうならなくなる可能性を楽しもうとしているのか？

だが、ドライバーは私の上手を行った。「確かにそうだ。でも、互いに依存すること、他人を必要とすることはよいことでもある。一人ひとりのあいだに友情や共通の絆が生まれるんじゃないかな。まさに一つの使命感が生まれるだろう」

確かにそうだと思う。宇宙にいることは強い連帯感を育み、そこから違った種類の自由が生まれるだろう。一人では決してできないことをいっしょに成し遂げる自由だ。宇宙の環境で死なないように居住地の資源を利用する活動を通じて、住民たちは共通の取組み、共通の目的、そしてひょっとしたら集団を代表する政府から生まれたこの集団的な自由を経験するだろう。

何の束縛もない個人の範囲としての自由という概念の形成にかかわったリベラル派の哲学者は、この集団的な自由に懐疑的だっただろうが、古代の人びとはこうした考えをもっていた。古代ギリシャの都市国家（ポリス）は、社会全体にもたらされる潜在的な危険より個人の自由を行使することに着目する現代の個人主義を採用していたわけではなかった。むしろポリスでは、市民が政治に積極的にかかわることによって最大限の可能性を引き出していた。ポリスがなければ、孤立した人間は何もできなかった。当時の人口が少なかったことや、現代社会で当たり前のインフラがなかったことを考えれば、こうした集団主義は繁栄のために必要だった。古代のアテネの人口は最盛期で一四万人しかいなかった。これほど小規模な集団では、市民一人ひとりが集団のために自分の役割を果たさなければ、帝国を運営することはできなかった。中世のモンゴル帝国など、かつてのほかの帝国は個人をより広い社会の枠組みに服従させることでギリシャと同等あるいはより大きな成果をあげることができた。

個人は社会の活動に尽力することにより、孤独感にさいなまれて自分の願望を実現する道が閉ざされることを避け、集団のなかで自分の可能性を手に入れた。

ここで、この考え方にはメリットがあるとうなずく読者がいるかもしれない。誰よりも個人主義の現代人であっても社会的な連携の恩恵を受けている。それがなければ、休暇で飛行機に乗ってどこかに行くこともできず、ほしい食べ物も手に入れられず、好きな映画も観られない。飛行機を一つの都市から別の都市へ安全に飛ばすためにどのような集団活動が必要で、それらがどのようにつながり合っているかを、ここでくどくど説明する必要はないだろう。現代の私たちがもっている考えは古代の人びととは大きく異なるものの、私たちは今でもポリスの一員であることに変わりはない。集団活動の規模と範囲があまりにも大きくなったために、それが見えなくなっただけだ。私たちはしばしば自分自身の目標しか見なくなり、集団活動の恩恵がなければ目標を達成する見込みがないことに気づかない。

月や火星に入植した人びとはアテネのポリスに似たものを築くかもしれないし、それを否定することはできないだろう。入植プロジェクトを進めるためには膨大な労力が必要になるし、人口密度が高い小さな集団が生命を維持するための複雑な構造物に閉じ込められている状態では、誰もが互いのそばで働くことになる。公共の事柄から逃げることも、目をそらすこともできないだろう。ひょっとしたら、生きていくこと自体に困難が伴う状況が、個人の願望より、一人ひとりが依存する共同体の願望を優先する自由の概念を生むかもしれない。これが地球外のポリスの完成形だとしたら、すべてがうまく回ることだろう。太陽系はアテネのような都市国家の集まりになるかもしれない。それぞれの都市国家がデロス同盟（古代ギリシャのポリスが結んだ同盟）の宇宙版のような同盟で結ばれるのだ。

とはいえ、連帯にも不満はある。ドライバーはそれを理解していた。しばらく黙っていた彼は、再び口を開いたものの、今回はどっちつかずの口調だった。「同調圧力はたくさんあるだろうね、小さな集団にいると。そこになじまないといけない。そうしないと、逃げ道がないから。でも、それを受け入れるのはいいことだと思うよ。集団の一員になれば、物事を心配しなくてすむし」

社会秩序に従うことを通じて得られる帰属意識に安心感があるのは確かだ。しかし、そこには危険もある。道徳的な責任を捨て、上位の権力者が私たちに代わって選択することを許した場合、かなり恐ろしい結果がもたらされるだろう。指導者は大衆が黙認するのをいいことに、自分の命令を押しつける。政治哲学者のハンナ・アーレントは元ナチ党員とのインタビューをめぐって苦悩したことで知られている。彼らが独裁政権をめざす組織に自主的かつ熱心とも言えるほど服従した理由を探ろうと話を聞くなかで、彼女は一つの答えを発見し、それが頭から離れなかった。インタビューしたほぼすべてのナチ党員が、みずから責任をとろうとする気持ちをあきらめていた。何かを決断し、それを実行に移し、失敗という結果と向き合うのは負担が重い。他者の意思に従い、全体主義の思想に安直な答えを出してもらうことにより、ナチ党員はみずからの負担を軽減していた。彼らは自由になった、つまり生活上の難しい選択をする責任から解き放たれたのだ。たとえ自分が失敗しても、それは自分でコントロールできない上位の体制の失敗だというわけである。

この強烈な皮肉、つけいる隙のない権力に服従することで解放感を得るという皮肉が、人びとに多大な苦難をもたらした出来事の根幹にある。宇宙ではこの根幹が死に絶えると信じる理由はない。宇宙ステーションであれ、月面の入植地であれ、安全チェックを一つ怠るだけで莫大な損失が生じうる場所では、潜在的に個人に責任を委ねれば悪夢をもたらす。責任を放棄するほうが楽だと考える入植者も必ず出てくるだろう。これはあらかじめ責任を追うリスクを回避できるのだが、独裁主義の種をまくことにもなる。

それならば、宇宙の独裁者は大きな労力をかけなくても、民衆を確実に服従させることができるだろう。地球外の過酷な環境に暮らしていれば、責任を負ったためにもたらされる恐ろしい結末から逃れる自由を多くの人が受け入れ、自発的に服従という選択肢を選ぶだろう。情け深い独裁者なら、ひどく過酷で短い人生から私たちを救ってくれる。服従の自由を行使してもよいのではないか？

この時点でがっかりすることは簡単だろう。宇宙に独裁者がはびこるのなら、わざわざ入植を夢見る必要はないし、ましてや実際に入植を試みる必要もない。最後に私の見方を書いて締めくくろう。私は地球外への入植の結果として独裁社会が必ず生まれるとは思っていない。宇宙のフロンティアで、これまでに人類が築いてきた社会より世界の繁栄に役立つ新たな社会形態が生まれる可能性はある。宇宙はまっさらな状態だ。哲学者のジョン・スチュアート・ミルが言うところの「生活の実験」をするには完璧な環境である。地球を離れることが新たな形態の美術や音楽、科学を育む可能性は十分あるし、それとともに一人ひとりがよい人生を送れる新たな形態の社会が生まれる可能性もある。しかし、危険を無視するべきではない。人類は誤りを犯す生き物であることはわかっているし、宇宙の環境が人類の最悪の本能に適した場所であることは明らかだ。宇宙には独裁主義がはびこって当たり前ということは率直な言い方ではあるが、未来を予測しているわけではない。私たちはこの事実を真摯に受け止め、地球外への入植に対する期待を高める統治形態を考案するために全力を尽くして、この事実とともに暮らすために最善の努力をすべきだ。宇宙に行けば、しばらくは地球の問題のいくつかを避けられるだろうが、人類の心に潜む闇をすぐに明るく照らすことはできないだろう。私たちはその闇とともに地球を旅立つことになる。

ホッキョクグマやライオンは環境保護計画の恩恵を受けているが、このネンジュモのコロニーのようなシアノバクテリア（藍色細菌）はどうだろうか？　コロニーを形成する個々の微生物は幅数ミクロンしかない。このような微生物も保護の対象にすべきだろうか？

エディンバラのブランツフィールドからフォート・キネアードまで乗ったタクシーのなかで。

第14章　微生物は保護に値する？

「掃除したてだね」。ぴかぴかに磨かれた黒いシートに座ると、私はそう言った。消毒薬のにおいが車内に漂う。

「その通り」とドライバーが即座に言った。「ゆうべ、ここで若い娘が吐いてね。かなり飲んでて、乗って二分ぐらいしたら気持ち悪くなったんだよ。もう、金曜の夜は大嫌いだね。でも、誤解しないで。外で楽しんでる人たち自体は別にいいんだけど、我慢できずに吐いて、私がそれを片付けなきゃならないのは嫌だってこと」。ドライバーの女性は運転席でほとんど振り向いて私と向き合い、後部座席を指さしながら不満をぶちまけた。話しているあいだ、彼女はふさふさの茶色い髪を上下に揺らし、顔をしかめた。肩パッドの入った青と白のストライプの上着と、中高年の真剣な表情が、彼女のいら立ちをいっそう強く感じさせた。

「たぶん掃除するいいきっかけになっただろうね」と私は言った。「自分の車をいつ掃除したか思い出せないよ。たぶん一度もやってない」。彼女の心配事に首を突っ込んだことに、いささか自分で驚いた。ドライバーは首を振った。彼女は哲学的な遊びに付き合ってくれるんじゃないかと、私は思った。その前日、火星基地で微生物を発見した場合にその微生物を殺すべきかどうかについて書かれた科学論文を読んでいたのだ。

「地球外の微生物がたくさんいたとしたら、タクシーを消毒するかい?」と私は尋ねた。「火星から来た微生物とかね」

彼女は答えなかった。サイドミラー越しに私を見ていたから、私が冗談を言っているわけではなく、自分のほうを見つめ返して答えを待っていることがわかっていたはずだ。「それ、真面目な質問なの? 私のタクシーに宇宙の生き物がいて、それを掃除してきれいにするかってことよね?」

「うん、その通り。気分の悪い女性が希少な火星の微生物が入った容器をこのタクシーの車内に落としてしまったのを見つけたら、掃除してきれいにするかい?」

「消毒するね。火星の微生物だからって、誰が気にする? かまわず消毒するわよ」

「その生き物が地球の生き物と違っていたとしても、つまり、かなり変わった火星の微生物だったとしても?」と私は食い下がった。

「その微生物が興味深いものだって考えているようだけど、私は消毒するわ」

ドライバーはだまって座り、再びミラー越しに私を見た。彼女はこの二四時間に起きた出来事にうんざりしていたようで、私はゆうべの酔っ払いの乗客と同じぐらい彼女をいら立たせてしまった。微生物に対するドライバーの態度は理解できた。彼女の立場だったら、私もタクシーを消毒するだろう。しかし、キッチンやタクシーを消毒する以外の場面では、微生物に関して違った側面がある。

環境保護の集会に参加してみるといい。あるいは、気候変動に関する会合の最中に国連ビルの外に座ってみてもいい。「微生物を救え！」とか「キノコに正義を！」とか「私は粘菌とともにある！」などと書かれた看板を探してみよう。まず見つからないだろう。それに、王立微生物保護協会とか世界微生物基金とか、微生物の保護を訴える組織として思いつきそうな名称の組織の代表者も見当たらないはずだ。ほとんどの人にとって、微生物を保護するという考えはばかげているように見える。私たちは微生物を毎日殺している。キッチンの表面を消毒したときにどれだけの数の微生物を殺しているかはわからないが、おそらく何百万という単位になるだろう。絶滅が危惧される細菌の保護を訴える人物は頭がおかしいとはいかないまでも、少なくとも物事を大局的に見る感覚がないと思われるだろう。

とはいえ、こうした慎ましい生き物は私たちの生物圏の中核にある。目に見えず、ふだんは気づかれもしない生き物だが、生物界のヒーローだ。にもかかわらず、私たちはたいてい、食中毒を起こしたときなど、微生物に生活を台無しにされたときにしか微生物のことを考えない。アメリカだけでも毎年およそ四八〇〇万人が食べ物に当たって体調を崩し、そのうち一二万八〇〇〇人が入院し、およそ三〇〇〇人が亡くなっている。だから、消毒薬メーカーが「知られているばい菌の九九・九％」を殺すと言って自社の製品を嬉しそうに宣伝するのは意外ではない。また、微生物を悪く言うときに「ばい菌」という言葉を使うのも驚きではない。他人からばい菌を移されることだけは勘弁してほしい、というように言われる。

一七世紀、好奇心旺盛な織物商のアントニ・ファン・レーウェンフックが、ガラスのレンズで小さな顕微鏡をつくり、それを使って商品の織物の品質を念入りに調べていた。最高品質の商品を売りたいと考えていたからだ。しかし、そのうち織物を見るだけでは飽き足らなくなり、池の水のほか、自分の歯からとった歯垢も調べてみるようになった。そのとき見た光景に彼は驚いた。顕微鏡のレンズの向こうに見えたのはちっぽけな動物だったのだ。それを彼は「極微動物」と呼んだ。うじゃうじゃうごめき、どんどん増殖する動物の姿は当時の人びとの想像力をかき立てた。髪の毛の太さよりも小さな生き物が、微小な生物の世界への扉を開いた。それからしばらくのあいだ微小な生物は無害で非凡な存在だと見られ、その発見は科学の進歩の勝利であると考えられた。

しかし、雲行きは怪しくなる。ロベルト・コッホ、ルイ・パスツールをはじめとする多くの研究者が微生物の世界を明らかにし始めると、まもなく恐ろしい秘密が明かされた。こうした活発にうごめく微小な生物が最悪の病気をもたらしていることがわかったのだ。その後の一世紀で、微生物の悪行が次々に明らかになった。黒死病（ペスト）、チフス、ボツリヌス中毒、炭疽病。動かぬ証拠を突きつけられ、微生物界は降参して、罪を認めるしかなかった。人類の裁判官はこう告げる。「罰として、今後おまえたちは『ばい菌』と呼ばれ、われわれの世界に出現すれば激しい非難を浴びることになる。上告は許さない」。人びとがこう言いたくなるのも無理はない。ペストは一四世紀にヨーロッパの人びとの三分の一を死に至らしめた。この病気だけで微生物界は永久に汚名を着せられることになった。

しかし、人びとが微生物を悪者扱いするようになっても、これらの生き物にはもう一つの側面があると確信していた科学者もいる。微生物は多大な被害をもたらすことがあるものの、それだけが特徴というわけではない、と。そうした科学者の一人が、セルゲイ・ヴィノグラドスキーだ。現在のウクライナのキーウで一八五六年に生まれ、多彩な能力をもつ優秀な人物である。サンクトペテルブルクの音楽院での研究をやめた後、植物学に転向し、そこから微生物の世界に興味をもった。ヴィノグラドスキーは細菌が環境中で非常に重要な役割を果たしていることにいち早く気づいた人物の一人だ。たとえば、彼はある種の細菌が硫黄元素からエネルギーを得ていることを発見した。これは、細菌が受動的に何かに頼り、目に見えないミクロの世界の片隅でどうにか生きているだけではないことを示している。細菌は地球の生物界の一員であり、私たち全員が依存する元素を循環させる役割を担っているということだ。

ここで、生きるために必要な元素の一つについて考えてみよう。それは窒素だ。窒素は大気の七八％を占めているので、膨大な量が存在する。しかし、窒素原子は気体の分子として閉じ込められている。窒素ガスの分子は二個の窒素原子からなるが、原子どうしの結合は非常に強く、物理的な力で分離させることはできない。ここで登場するのが私たちの仲間である微生物だ。微生物は原子どうしを分離し、それを使って別の分子をつくることができる。窒素ガスを分解し、自由になった窒素原子にいくつかの水素や酸素を結合させて、アンモニアや硝酸塩をつくるのだ。窒素をこうした化合物に変えれば窒素ガスよりはるかに利用しやすくなる。アンモニアも硝酸塩も水に溶けやすく、あらゆる種類の化学反応に参加する傾向にある。この過程は「窒素固定」と呼ばれている。それぞれの微生物が窒素固定の小さな工場のようなもので、その働きが合わされば驚くべき結果をもたらす。典型的な微生物は全長およそ一〇〇〇分の一ミリ（一ミクロン）だが、存在する数は膨大だ。微生物は毎年合計で一億四〇〇〇万トンもの窒素ガスを大気から取り込み、生物圏で栄養となる窒素化合物に変えている。だから、微生物は私たちの健康を脅かすことは確かだが、微生物なしでは私たち全員が死んでしまうこともまた確かだ。

ヴィノグラドスキーなどの科学者による研究から、微生物界の並外れた規模と力が実証された。窒素を固定する以外にも、微生物は多くの重要な役割を果たしている。菌類は枯れた植物や死んだ動物を分解し、その体を生物圏に戻して次世代の生き物が利用できるようにしている。細菌は硫黄に加え、炭素や鉄など、生命にとって欠かせないほぼすべての元素を循環させている。生命の惑星という大観覧車を回し続けることで、生物圏のエンジンが止まらないようにしているのだ。もっと日常生活に近いところでは、糖分をワインやビールに変える発酵、野菜のピクルスづくり、牛乳からヨーグルトやある種のチーズをつくるときにも、私たちは微生物の恩恵を受けている。今では、微生物が引き起こす病気に対抗するために必要な薬をつくるためにも、それと近縁の微生物が利用されている。さらに、微生物が私たちの体内で果たしている不可欠な役割も忘れてはならない。微生物は食べた肉や野菜を分解するなど、食べ物の消化を助け、私たちの健康に欠かせない活動をしている。あなたの体内に存在する細胞のおよそ半数は微生物の細胞だ。それらは人間の細胞より小さいので目に見えない。少なくとも細胞の観点からいうと、私たちは半分しか人間ではない。それを知ると、みんなちょっとショックを受ける。

微生物が私たちの世界で引き起こした壊滅的な事態を考えると、こうした好意的な見方を受け入れるのは難しい。連続殺人を起こした悪党を許そうとするようなものだ。しかし、微生物による人間の死者数がいくら多くても、生物圏を動かし続ける微生物の役割が計り知れないほど大きいという事実は変えられず、どれだけ難しいとしても甘受しなければならない。

だとしたら、「微生物を救え」とプリントされたTシャツがどこにも見当たらないのはなぜなのか？　これはとても興味深い質問だが、きちんと答えられる人がいるのか、私には確信がない。多くの人が罪を問う側に立って、微生物は単に保護に値しないと思っているのかもしれない。それに加え、微生物は単純に数が多い。ひょっとしたら微生物は私たちの助けなどいらないのかもしれない。世界には野生のトラが四〇〇〇頭もいないと考えられているが、微生物の数はどれくらいなのか？　研究者のあいだでも議論があるが、最近の推定では、海洋、土壌、その他すべての微生物の分布域での数に基づいて、地球上にはおよそ一兆の一〇億倍の一〇億倍個の微生物が存在するともいわれている。これでは絶滅が危惧されているとはいえず、保護が必要と考える人はほとんどいない。

微生物はまた、見た目があまり魅力的でない。見た目というのは、人間が共感する気持ちに非常に大きな影響を及ぼすものだ。「絶滅危惧種の小さなクモを救え！」とか「絶滅の危機にあるカイチュウを救え！」といったスローガンがプリントされたTシャツを見たことがある人はどれくらいいるだろうか？　環境保護主義者に冷たくあしらわれる生き物は微生物だけではない。言いにくいことなのだが、ほとんどの人はアザラシやパンダといったかわいい顔をした生き物に惹かれるものだ。環境倫理学者のアーネスト・パートリッジはかつてこんなことを指摘した。懸念をもつ人の関心を最も多く集めるのは「大変だと思わせる要素」をもつ何かだ、と。

微生物がこれほど役に立っているのに、微生物を思いやる心が私たちにない理由として最も説得力があるのは、単に微生物が目に見えにくいからというものかもしれない。目に見えなければ、存在が忘れ去られるということだ。もしホッキョクグマが体長一〇〇〇分の一ミリしなく、微生物がイヌぐらいの大きさだったとしたら？　かわいそうな微生物はそれでもかなり不格好だろう。水の入った袋が湖のなかで上下に揺れ動いていているみたいで、その一部は鞭（むち）のような奇妙な付属肢を振り、ゴボゴボいいながら泳ぎ回って食べ物のかけらをかじる。アヒルのように餌をあげる人はいるだろう。しかし、そこまではしなくても、少なくともその姿は見えるし、湖の水を抜いたとき、彼らの運命は手に取るようにわかる。これと同様に、無数の目に見えないホッキョクグマがスプーン一杯の土のなかでうごめいている世界では、ホッキョクグマの保護を訴える運動はおそらく起きない。微生物ぐらいの大きさしかないホッキョクグマというのは物理的にありえないことは確かだが、そこは重要ではない。この思考実験から学ぶべきことは、動物が私たちにとって重要かを判断するうえで、体の大きさも判断材料の一つになるという点だ。私たちが微生物の保護を真剣に考えない理由として、微生物が目に見えないほど小さいという事実はおそらく大きく影響しているだろう。

さらに、消費社会の力もある。どの洗剤の広告も最大限の除菌効果があることを宣伝していれば、私たちは微生物は救うに値しないと思ってしまう。何のためらいもなく消毒するという行為は、微生物が敵であるとの考えを強めている。たいていの場合、微生物は私たちのパートナーであるのに。

微生物には勝ち目がないのか？　そう思うのはまだ早い。西オーストラリア州のシャーク湾の沿岸には、奇妙なドーム形の構造が見られる。幅は最大一メートル、色は茶や黒、青で、砂地からこぶのように突き出て、満ち引きする潮に洗われている。これは「ストロマトライト」と呼ばれるもので、岩石のように見えるが、実際にはシアノバクテリア（藍色細菌）という細菌と砂の層が幾重にも積み重なってできている。ストロマトライトは生き物のように成長する。シアノバクテリアは光合成をするので、砂地が下へ沈むにつれ、太陽光を求めて上へ移動し、ドーム形の構造を広げるのだ。世界遺産に登録されたシャーク湾のなかでも、ストロマトライトは最も貴重な宝であり、「生きた化石」と宣伝されている。岩石中から見つかったストロマトライトの本物の化石のなかには、三五億年以上前のものもある。ストロマトライトを観察することは、地球の生命の始まりをめざす旅だ。当時、地球には微生物しか存在しなかった。動物が出現するのはさらに三〇億年もあとのことだ。私はオーストラリアの人びとに拍手を送りたい。これはまさに、微生物保護の実例の一つだからだ。

およそ二〇年前、SF作家のジョーゼフ・パトローチが面白い話を書いていた。微生物の権利が完全に認められた未来のディストピアについてのストーリーだ。消臭剤は禁じられ、家を掃除することもできない。洗髪も禁止だ。これはもちろん皮肉で、微生物を絶滅危惧種のトラのように保護することの不合理を垣間見せる。とはいえ、シャーク湾のストロマトライトは紛れもなく保護された微生物の群集だ。肉眼で見られるほど大きく、独特の美しさがあり、太古の昔から命をつなぐその持続性で人びとを魅了する。シャーク湾のシアノバクテリアは保護する価値があるのだということを人びとに見せている。ほかにこうした敬意を払われている微生物はまずない。

シャーク湾のストロマトライトの保護と、衛生目的の殺菌との折り合いをどのようにつけるのか？私たちの選択のなかには必ずしも最善でないものもある。人びとは何千年にもわたって消臭剤なしで生きてきたし、その発明はある種のにおいに価値があるとの思い込みをもたらしてはきたが、おそらく私たちは消臭剤なしでもやっていける。しかし、自宅の掃除や水のろ過はいやなにおいを防いだだけではない。衛生状態を改善したことによって、私たちの健康や寿命は大幅に向上した。だから、可能なときには微生物を保護すべきだが、常に保護する必要まではないという見方をもつべきかもしれない。同様に、多くの人は木々を不必要に伐採することには反対していても、材木や紙の原料を得るために必要な木を切ることまでは反対しないだろう。

微生物の有用な役割にもっと関心を寄せれば、保護の気運がもっと高まるかもしれない。ヴィノグラドスキーのような先駆者の研究に立ち戻り、元素の循環、老廃物の分解、生態系を全体的に健全に保つ役割を認識することもできる。微生物は食物連鎖をつなぐ最初の環だ。太陽光を取り込み、窒素を固定し、自然界のほかの生物が利用するすべての元素を集める微生物は、あらゆる生命の礎そのものであり、また環境倫理学の礎でもあるだろう。私たちは水質汚染の被害を受けた魚やカエルについては考える傾向があるが、もっと重要なのは、汚染によって水中に棲むプランクトンやその他の微生物の多くが死ぬということだ。こうした小さな生き物がいなくなれば、やがて目に見えるもっと大きな生き物に打撃を与えることになる。微生物だけを考えれば必ずしも保護する必要はないが、微生物を保護することによって、地球上に棲むほかのあらゆる生命が恩恵を受ける。微生物は生物圏を支える見えない梁(はり)だ。壁や天井のなかに隠れて見えないが、建物を構造的に支える役割を果たしている。

消毒薬を禁止するという不合理な行動をとらなくても、環境保護主義者のように微生物を思いやる心を育むことはできる。たとえば、住宅地を開発するために池を一つ残らず埋め立てるのではなく、地域の微生物を考慮したもっと柔軟な方法をとってもいい。確かに、とりたてて特徴のない池もあるが、希少かつ重要な微生物を含んだ池もあるのだ。私たちの生態系を維持するうえで微生物が担っている重要な機能をもっと真剣に受け止めれば、池をもっと効果的に選定し、それに応じて住宅地を開発することができる。シャーク湾のストロマトライトに畏敬の念を抱くことができるのなら、生態系にとって欠かせない地味な地域の湖も尊重できるようになるし、そうすべきだと思う。結局のところ、「微生物を救え！」と書かれたTシャツはそれほどばかげたアイデアではないのかもしれない。

とはいえ、大勢の人びとの命を奪う微生物はいる。たとえば、天然痘の病原体を撲滅させることは受け入れられるのか？　紀元前三世紀以来、ほとんどの時代において、天然痘は人類を死に追いやる存在となってきた。この病気を引き起こすウイルスは古代エジプトのミイラからも発見され、二〇世紀だけでも三億人近い人びとの命を奪った。天然痘患者のおよそ三分の一が失明した。天然痘にかかると、体中に発疹ができる。しかし今では、天然痘に感染する心配はなくなった。実際のところ、この病気がいつの時代もいかに疫病として日常的に恐れられていたかを理解するのは難しくなった。ワクチンという科学技術と、世界保健機関（ＷＨＯ）の取組みのおかげだ。一九五〇年代以降、ＷＨＯは世界中の人びとに予防接種をすることで天然痘を根絶するという、世界規模の思い切った試みを主導した。それは一つの微生物に対する惑星規模の闘いとしては初めてのもので、すばらしい効果を発揮した。一九七七年にソマリアで天然痘に感染した患者を最後に、自然に感染した例は確認されていない。その患者は病院で料理人をしていたアリ・マオ・マーランという人物で、無事回復し、その後ワクチン接種活動家となった。

危険そうなものは手当たりしだいに消毒するというタクシードライバーの気持ちはよく理解できるが、絶滅にまで追いやってしまうのはどうだろうか？　私はドライバーに尋ねてみた。「天然痘みたいに、ひどい病気をもたらす微生物の最後の生き残りを追い詰めたとしたら、息の根を止めるべきかな?」彼女は少しの沈黙の後、困惑したように首を振った。「殺してしまうべきよ。撲滅させようとそこまで努力したのに、また野放しにするなんてどういうこと?」

この意見に同意する人はきっと多い。しかし、最後のトラやゾウ(どちらも人間にとって危険なことがある動物)を意図的に一致団結して撲滅させる世界規模のプロジェクトがあったら、狂気の沙汰だと思われるだろう。私たちのものでもない惑星にいる同じ生き物のなかから、私たちは何かを選ぶ権利があるのか? 生物の絶滅の主導権を握り、どの生き物を生かすか死なせるかを選ぶなんて、私たちはどれだけ傲慢なのか。私たちが故意に絶滅させたとみられる種のなかには、人類より何百倍も長く地球で命をつないできたものもいる。なぜ天然痘ウイルスにはトラやゾウとともに存続していく権利がないのか? タクシードライバーの反応は理解できるが、それが正しい反応かというと必ずしもそうともいえない。

じつは、天然痘ウイルスは絶滅したわけではなかった。アメリカの疾病対策センターとロシアの国立ウイルス学・生物工学研究センターにはこのウイルスのサンプルが保管されているのだ。天然痘が撲滅した日は一九九三年一二月三〇日と設定されてはいるが、なくしてしまうのはあまりにも怖かったのだろうか。ひょっとしたら、天然痘がどこかで再び出現するかもしれず、その場合、研究や流行の抑制のためにウイルスのサンプルが必要になるだろうと考えたのかもしれない。天然痘が絶滅を免れたのは、それがあまりにも恐ろしい病気だからだ。しかし、天然痘自体には重要な謎が残っている。生物が意図的に撲滅させたほうがよいほど劣悪な存在になるのはどの時点なのか? どの時点で意図的な絶滅が受け入れられるようになるのか？　微生物には倫理的な難問が付きまとう。

ほかの惑星を旅した場合、その問題はいっそうややこしくなる。地球外生命に出会った場合、天然痘と消毒に関する議論には新たな側面が表れる。私が火星の微生物を一つ残らず消毒して基地をつくろうと提案したら、あなたは唖然とするだろう。でも、ちょっと考えてみてほしい。あなたは自宅を消毒する。なぜ火星の微生物だけが特別な扱いを受けるのか？　こうした議論に対し、あなたはこう答えるのではないか。微生物は火星で自分の好きなようにして幸せに暮らしているだけだ、と。そんな生き物を新参者の私たちが全滅させる権利はあるのか？

こうした見解に含まれるのは生命に対する敬意、火星の微生物に対する敬意だ。倫理学者が言うように、私たちの利益になるか、私たちの役に立つかということより微生物の存在を優先するとの見方である。この種の敬意をもつよう人に働きかけることは難しく、倫理学者は感傷主義に陥ることなくそれを説明するのに苦労している。しかし、これは生き物に対する私たちの考え方について何かしら重要な側面を示している。どれだけやみくもであろうと生き続けているほかの生命には、存続する権利があるという信念だ。たぶんここには、生まれつきもっている謙虚な心がにじみ出ているのかもしれない。たとえ微生物だけであっても、火星の生物圏全体を破壊すれば人類は悪者になる。そこには私たち自身が見たくない残虐性が表れる。

もしかしたら火星の微生物を全滅させるという考え方は、シャーク湾を観光に訪れた無頓着なティーンエイジャーがビーチにとことこ歩いていき、ストロマトライトの上に跳び乗ったり、そこから跳び降りたりして一つひとつ破壊していく光景を見たときに抱くであろう感情と同じ気持ちを抱かせるのかもしれない。その怒りがシアノバクテリアに対する自然な親近感からもたらされたかどうかはわからない。そんな怒りを抱いた人でも、その前の週末には車を入念に洗って微生物を徹底的に駆逐したのではないか。おそらくその怒りはティーンエイジャーの行動、敬意の欠如、破壊行為の無意味さから生じているのだろう。このように感じたからといって、あらゆる微生物を保護すると誓ったわけではなく、当然ながら微生物の利益より優先する利益はほかにある。しかし、ストロマトライトは少なくともそのままにしておくに値する。生き物にはもともと何かしらの価値があると、私たちは感じているからだ。まったく価値のない生き物を意味もなく虐待してはならない。

私たちは地球外生命をまだ発見していないが、地球外の微生物について考えるだけで自然界と私たちとの関係をじっくり考える気になる。細菌のように、当たり前にいると思っているものが突然、日常生活では考えもしなかった重要性を帯びてくる。火星の砂のなかでうごめいている姿を思い浮かべ、どのように扱うべきかを考えると、まったく新しい視点を得て、私たちが地球上の微生物に対してどのような態度をとっているのか理解しやすくなる。

自宅や愛車を掃除するとき、そして髪を洗うとき、私はタクシードライバーの意見に賛成する。病原体を殺せるようになった医療の飛躍的な進歩を称賛する。私は抗生物質が効かなくなる危機的な事態を克服しようと奮闘する科学者たちに協力を惜しまない。予防医療やワクチンを回避するように進化した微生物を調べるための新たな方法を見つけ出さなければならないからだ。その一方で、私は微生物の世界が大好きである。地球上にいる多種多様な微生物のなかで、人間に被害をもたらす微生物は少数派だ。微生物すべてを忌み嫌う理由はない。私はトラが大好きだ。でも、なかには人間を襲うトラがいることも知っている。

微生物は三〇億年以上も地球に存在し、生物圏にかけがえのない貢献をしてきた。たとえ報われなくても、私たちの存在に適した世界を築いてくれたのだ。これらは微生物に敬意を表すべき立派な理由となる。確かに私は、微生物に対してある種の敬意を抱いている。火星はいうまでもなく、地球で「微生物を救え！」Ｔシャツを着る余地はたっぷりある。そしてもちろん、キノコやカビなどの菌類にも正義を与えなければならない。

水深 3300 メートルの海底で高温の液体を吐き出す熱水噴出孔。初期の地球において、生命はひょっとしたらこのような環境で出現したのかもしれない。

オックスフォード駅からコーパス・クリスティ・カレッジまで乗ったタクシーのなかで。

第15章　生命はどのように始まった？

目的地はそれほど遠くなかったのだが、雨が降っていたので、鉄道のオックスフォード駅からタクシーの後部座席に飛び乗った。行く先はオックスフォード大学のコーパス・クリスティ・カレッジ。私が博士号を取得した大学で、創立五〇〇周年を迎える。その記念式典に出席するためだ。

「オックスフォードにお住まいで？」とドライバーが尋ねてきた。彼はおそらく六〇代、この仕事が長いことがすぐにわかった。頭を左右に動かして注意しながら、駅の端に沿って駐車している何台かのタクシーを通り過ぎ、幹線道路に出た。

「前は住んでいたけど、今は違う。でも、いつも地元に帰ってきたみたいな感じがするよ。懐かしい気持ちになる」

若い頃に歩いた通りを車で走るのは、何だか落ち着かない気分だ。パーティーのあとの夜遅くに歩いたこと、若さ故の悩みを抱えて不安な気持ちで過ごしていたこと。この街の通りには自分の亡霊が漂っている。私は話題を変えて、ここでどんなふうに過ごしたかをドライバーに話した。たった三年間。大学の長い歴史からすれば一％にも満たない。とはいえ、五〇〇年という歳月も、地球上に生命が誕生してからの途方もない時間のなかでは取るに足らない一瞬にすぎない。生命が誕生してからおよそ四〇億年もの月日が流れた。コーパス・クリスティ・カレッジはその〇・〇〇〇一二五％の時間しか存在していない。この時間スケールで考えると、地球の生命の歴史における大学の存在より、大学の歴史における私の存在のほうが大きい（とはいえ、私はコーパス・クリスティの歴史のなかでたいして重要な存在ではないのだが）。

「私がここで過ごした時間なんて、大学の歴史のなかではちっぽけだと、すぐにわかるね」と私は言った。「でも、変な考えを言って申し訳ないんだが、何十億年も前に地球が誕生してからの時間のなかでは、大学自体もちっぽけな存在だと考えると、もっと謙虚になる。地球の歴史に比べれば、私たちみんなはかない存在だよ」

「そんな長い時間のことを理解するのは難しいな。ふだんそんなふうに考えないからね」とドライバーは答えた。私はうなずいた。人間は数百年の年月を理解することも難しいから、何十億年ともなればなおさらだ。それは単に時間というぼんやりした存在であり、一〇〇万と一〇億の違いさえよくわからない。生命が出現してからそれほどの歳月が流れた。これだけの時間があったことを考えれば、生命の出現は必然だったのか？　コーパス・クリスティは化学反応でたまたま生まれた知的生命の集まりなのか、それとも、原始の地球の煮えたぎる池から何らかの生命が出現し、やがて知性をもつことは必ず起きる現象だったのだろうか？　私が生命の起源に興味をもっているという話をしているとき、ドライバーの頭に浮かんだのはこの必然性についての問いだった。

「あまりにも長い時間だ」と彼は言った。「ほとんど何でも起きうる。それはどのように始まって、どれくらい確実だったのか？」これは誰もが興味を惹かれる問いだし、そうあるべきだが、答えられる人は誰もいない。とはいえ、この問いを単刀直入に持ち出すことはあまりない。ロンドンで乗ったタクシーの別のドライバーは、宇宙人のタクシードライバーが宇宙全体に点々と存在しているのかどうか尋ねてきた。その問いの裏にあるのは、生命の必然性というさらなる謎だ。しかし、今回のドライバーはそもそも生命がどのように始まったのかという根本的な問いに的を絞った。いったん灼熱の地球が冷えて初期太陽系のどろどろに溶けた岩石が固まったあと、地球は生命あふれる惑星になるように（必ずしも神ではなく物理条件によって）あらかじめ定まっていたのだろうか？

この問いへの答えとして考えられるものはどれも、地球外生命の存在に密接にかかわっている。適切な条件のもとで生命が必然的に誕生するなら、おそらく地球は死んだ宇宙で希少な生き物たちがいる惑星などではない。無数の惑星が存在するこの宇宙に、地球に似た惑星がまったくないとは考えられないからだ。また、地球に似た条件が生命を維持するための唯一の条件であると考えるべきでもないし、地球という生命の惑星を含んだこの宇宙で、何かしらそうした条件を備えている惑星がほかにないということはさらに考えにくい。「それはどのように始まって、どれくらい確実だったのか？」というタクシードライバーの問いには深遠な響きがあるかもしれない。大人のシニシズム（冷笑主義）や責任を受け入れる前の思春期の子どもが、深く考える問いのようにも聞こえる。しかし、それこそが最も重要な問いであり、遠い昔から多くの科学者たちにひらめきを与えてきた。

この章では、生命が必然なのかどうかという問いの答えを提示するつもりはない。しかし、何かしら知っていると率直に言える人が誰もいないのなら、少なくとも今わかっていることを説明してみることはできる。これまでの本格的な研究で興味をそそる仮説が提示されてきた。そのなかで、いくつかの仮説は除外することができた（これは科学的方法の重要な部分だ）。引き続きほかの仮説の検証も行なわれ、議論の行方が注目されている。

生命の起源について考えるアプローチの一つを紹介しよう。地球上で最も単純な細菌を調べてみると、地球上のあらゆる生命に共通する基本的な要素がいくつか見えてくる。言い換えれば、生命には基本的な設計図のようなものがあるということだ。これはすべての自動車に共通する特徴がいくつかあることに似ている。自動車の形や色は多種多様だが、エンジンやドア、ハンドルを備えているという特徴はすべての自動車に見られる。これと同じように、生命の根幹領域にも、生物圏全体に共通した、車の骨組みに当たる要素がある。こうした要素の起源を探るのはきわめて理にかなっている。それらは明らかに、その後に出現するあらゆる生物の構成要素となっているからだ。そうした生命の基本要素がどのように現れたかを理解すれば、生命が出現しやすい条件を備えたほかの惑星を宇宙でもっと効率よく探索できるだろう。

そうした生命に欠かせない特徴の一つは、何かに包まれている構造だ。地球上のあらゆる生物は、膜などによって周囲の環境から隔てられた内部構造を備えている。多くの場合、この内部空間のなかに独自の内部構造を備えた物体が数多く存在し、その物体の一つひとつが周囲の組織から隔てられている。これは、大部分が海に覆われた惑星で直面する問題を解決するための巧みな方法だ。水中では物が拡散しやすいという問題がある。水を入れた桶に少量の洗剤をたらすと、洗剤は水と混ざり合い、やがて色がほとんど見えなくなって消えてしまう。同様に、海や川、湖で生命に欠かせない分子のいくつかを凝集させようとしても、やはり薄まってしまう。唯一の例外は、コロナウイルスなどのウイルスと、牛海綿状脳症（ＢＳＥ）などの病気を引き起こすタンパク質であるプリオンだ。これらは単独では複製できない。いってみれば乾燥した粒子であり、液体で満たされたほかの生命の細胞の内部で活性化し、複製する。

　このため生命には、必要なすべての分子の拡散を防ぐための袋が欠かせない。こうした袋は生命のあらゆるスケールで存在するが、その根幹にあり、すべての起点となっているのは、細胞膜だ。地球上のあらゆる細胞はこうした袋に収まっている。その袋は動物界全体で見るとさまざまだが、すべてに共通する特徴を備えている。それは特定の種類の分子で構成されていることだ。それはリン脂質と呼ばれる分子で、一つの頭部と二つの尾部からなる。頭部は親水性で、水を好み、水に接しようとする。一方、二つの尾部は疎水性であり、水をはじく性質がある。こうした分子の一部を水に入れると、目を見張る現象が起きる。球体を形成するのだ。親水性の頭部は外側の水のほうへ向き、疎水性の尾部は球の内側へ向いて、まわりの頭部によって水から守られている。さらに、その球の内側では、もう一つのリン脂質の尾部が外側の尾部のほうを向き、頭部は水などの物質を含む内側の領域を囲むように配置される。これは目を見張る変容ではあるが、決して奇跡などではない。リン脂質の袋の形成は、一方の端が水を好み、もう一方が水を嫌うというリン脂質自体の性質から必然的に生じる単純な結果だ。じつは、こうした構造が合体して安定した状態になるのに最善の方法の一つは、シート状に配列したあとに崩れて球状になることだ。「小胞」と呼ばれるこうした構造は美しいだけでなく、生命に欠かせないもので、生命が存続していくために必要なあらゆる物質を内包している。小胞が細胞を囲んでいる場合、私たちはそれを「細胞膜」と呼んでいる。

ここで誰もが思い浮かべる疑問は、こうした相反する性質を併せもつ見事な分子がどこから来たかということだ。この分子は生物の膜を形成するという特定のニーズに合わせてつくられていて、特殊化されているように思える。実際のところ、細胞膜は細かく調整されている。進化のなかで、生命にだんだん適した形に変化してきたのだ。しかし、リン脂質はもっと単純な物質に起源をもっている。それは太陽系を形成するもとになった原始の物質だ。

炭素を含有する分子を含んだ太古の隕石があるとしよう。その好例は、一九六九年にオーストラリアのマーチソンに落下した「マーチソン隕石」だ。この隕石は四〇億年以上も前のもので、太陽系が形成された時代の名残であり、太陽系の歴史がまさに始まった時代、生命が始まろうとしていた時代にさかのぼる。隕石は黒く、手触りはやわらかい。その色は炭素が豊富な有機化合物を大量に含んでいるからで、すすに似ていなくもない。どこかの時点で燃焼したようにも見える。この隕石を軽く砕いて水のなかに入れ、隕石中の分子の一部を溶解させてみよう。その一部の分子は、炭素原子が長く連なった鎖を含み、互いにつながり合っている。これはカルボン酸と呼ばれるものだ。この化合物を抽出して水に加えると、目の前で集まって小胞を形成する。顕微鏡で観察すると、脈を打ちながら浮かんでいるように見える。このカルボン酸は、現在の細胞膜が三〇億年を超す進化で獲得した複雑性はないものの、初期の太陽系の雲とガスのなかで形成されたものであり、生命の最も単純な袋であると言える。

カルボン酸がどのように形成されたかははっきりわかっていないが、宇宙は炭素化合物で満ちあふれていることはわかっている。炭素原子は、炭素を豊富に含んだ物質を含有したガスの殻を定期的に放出する奇妙な「炭素星」など、恒星の核融合反応で形成され、宇宙全体に大量に分布している。最も単純な炭素化合物の一つである一酸化炭素は恒星間空間で豊富に見つかる。六〇個以上の炭素原子からなり、「バッキーボール」の別名で知られるサッカーボール状のフラーレンを含め、さらに複雑な炭素化合物もたくさんあり、宇宙空間を漂っている。

この炭素は宇宙のあちこちにある化学反応を促す場所でほかの元素と出合った。地球をはじめ、太陽系のあらゆる天体が出現した星雲はそうした場所の一つだ。そこは温度勾配や圧力勾配が存在する宇宙規模の化学工場であり、さらにはある程度の放射線も差し込んで、多くの化学実験が行なわれる場となった。氷の粒子の表面は炭素化合物の種類を増やせる場となった。そこで生じた化合物には、原始の膜を形成できるカルボン酸も含まれていたかもしれない。

こうした分子の生成過程が複雑だと感じるのなら、実際はそれほど複雑ではないと伝えておきたい。複雑に見えるだけだ。生命をつくる最初の原料が誕生した過程はそれほど複雑なものではない。カルボン酸をつくった化合物とエネルギー源は宇宙のどこでも簡単に見つかる。誰かがこの過程を指揮する必要はない。適切な物質とエネルギー、十分な時間があれば、生命に必要な分子の収納に適した袋は簡単に出現しうるのだ。

とはいえ、生命は袋だけでできているわけではない。自己複製可能な細胞が形成されるためには、ほかにもいくつかのものが必要だ。そのなかでも役に立つのが、化学反応を促し、反応速度を増して、生命に欠かせないが自然環境にはほとんどあるいはまったく存在しない化合物を生み出すための分子である。こうした触媒として働く分子は酵素と呼ばれる。酵素は異なる種類の分子どうしを結合して、新たな分子をつくる。既知のあらゆる生物がもつ、ほぼすべての酵素はタンパク質からなり、それ自体はアミノ酸をビーズに糸を通したように連ねた長い鎖にすぎない。その鎖は折り重なり、三次元構造をもつ小さな分子（タンパク質）となって、さまざまな役割を果たせるようになる。

アミノ酸は単純な分子で、中央に位置する炭素原子にいろいろな基（複数の原子の小さな集合）が結合した簡素な構造をしている。結合している基の構造は、言ってみれば食べ物の風味のようにさまざまで、何が付加されているかによって異なる。基は種類によって異なる働きをし、水を好むものもあれば、水を嫌うものもある。正電荷を帯びたもの、負電荷を帯びたもの、小さいもの、大きいものと、じつにさまざまだ。こうした異なる構造をした分子の相互作用によって、アミノ酸の長鎖が特定の形に折りたたまれる。鎖の一部は足場のような支持構造を形成する。これは爪や髪の毛といったものをつくるのに役立つ。ほかの鎖は細胞が実行するきわめて重要な反応に加わる。驚くのは、これらすべての役割をたった二〇種類のアミノ酸が担っていることだ。しかし、タンパク質によっては何百ものアミノ酸が連なってできているから、鎖のなかのそれぞれの位置には二〇種類のアミノ酸のどれが来てもおかしくない。そのため、タンパク質の組合せの数は膨大であり、生命が細胞をつくるために必要な分子の種類の数よりはるかに多い。

ここでマーチソン隕石を別の角度から見てみよう。隕石の成分を抽出して、細胞膜を形成する膜の分子をつくったとき、ほかにも驚くべき事実に気づく。この隕石にはアミノ酸が大量に含まれているのだ。具体的には七〇種類を超すアミノ酸が含まれている。初期の太陽系では、タンパク質の構成要素であるアミノ酸が合成されていたということだ。そのアミノ酸はやがて、惑星を構成する岩石などの物質に組み込まれた。そうした岩石の一部は宇宙を漂い続け、やがて地球に落下して、形成から四〇億年以上たったあとに科学者によって採取された。科学者はそのなかに生命の最も基本的な原料を発見した。それは太陽系内の化学反応が生んだものだ。

マーチソン隕石には生命に必要な二〇種類よりはるかに多くの種類のアミノ酸が含まれている。生命がその最初の分子を太陽系に漂う岩石から得たのだとすれば、なぜ生命はそのなかの一部の種類しか使わなかったのか？　それは、手に入るすべての原料を使わなくても用が足りることがあるからだ。建築家は住宅を設計するとき、手に入るあらゆる種類のレンガや屋根材を使うわけではない。そのなかの一部を選び、たいていはできるだけ少ない種類で設計する。これは最も効率的なやり方であり、建材どうしの相性の問題を防ぐことができる。同様に、生命に使われるアミノ酸の種類より多くの種類が自然界に存在するという事実は、まったく重要ではない。進化はあらゆる側面で最大化を求めるプロセスではない。細胞がその必要性を満たして複製できる限り、ほかのアミノ酸を組み込んでさらに多くを得る必要はないのだ。生命が豊かな化合物の貯蔵庫から選りすぐった分子だけを必要とするのは、理にかなっている。

地球外から飛来した使者はさらなるサプライズも携えていた。核酸塩基である。細胞、そして最も原始的な生命のあらゆる活動の中枢となるのは、情報を保存するためのコード（暗号）だ。これを可能にするのが核酸塩基である。ほとんどの生物はそのためにおなじみのＤＮＡ（デオキシリボ核酸）

を利用し、それ以外の生物は似たような分子であるRNA（リボ核酸）を使っている。タンパク質と同じく、これらは核酸塩基という分子の長い鎖からなる。タンパク質に二〇種類のアミノ酸が使われているのとは対照的に、DNAに必要な核酸塩基は四種類しかない。その鎖に沿って連なる四種類の核酸塩基の配列は、目から尻尾まであらゆるものをつくるための命令を収めたコードだ。この暗号化された情報を細胞内の器官が解読することで、「設計図」を得て、そこから生物の体全体をつくっていく。

核酸塩基はシアン化合物などの初期太陽系の物質を含んだ化学反応で生成され、隕石などの宇宙を漂う天体に入り込んだ。そして、アミノ酸と同様、太陽系の天体で見つかる核酸塩基の種類は生物の細胞で見つかる種類より多い。進化の過程を通じて、核酸塩基の種類は厳選され、地球上の生命に欠かせない種類だけが使われるようになった。

ここまでの話で驚くべきことがある。きわめて複雑な生命の上部構造の内側をのぞき、それを支える梁やレンガ、モルタルの役目を果たすものを見てみると、生命の主要な分子を構成する最も単純な部分はすべて隕石のなかから発見されているのだ。そうした隕石は太陽系の初期に存在していた。間違いなく初期の地球の表面にも降り注ぎ、水中に集まり、河川に流され、海岸に打ち寄せられただろう。こうした可能性に夢中になった科学者たちは、隕石から生命に欠かせない物質を解き放った化学反応を実験室で再現しようとしてきた。予想どおり、アルコールやシアン化物といった単純な分子を含んだ鉱物の粒子の表面に放射線を照射すると、アミノ酸など、生命にとって重要な分子が出現した。

それだけではない。地球自体もまた宇宙を漂う岩石の塊であるということを思い出そう。生まれたばかりの私たちの惑星では陸地や海、大気中で起きた化学反応で生命の物質が生じうるし、おそらく生じただろう。同時に、それらは宇宙からも降り注いだ。炭素を伴う化学反応を起こさないことは難しい。はるか彼方の宇宙からも、地球環境のなかからも、生命に必要な最も単純な物質が大量に供給されていたから、生物を構成する骨組みは複数の供給源から地球の表面に蓄積されていた。

これらはどれもきわめて興味深く、生命の礎の起源についてもっともらしい説明となる。しかしまだ、私たちの問いへの答えにはなっていない。適切な条件があったということは、生命は必然だったのか？　なぜそうした化合物は潮のなかで何の反応も起こさずに漂い、細胞になることなく、割れ目や亀裂を埋めるだけにならなかったのか？　この点はこれまでの研究で足りない部分だ。手がかりや可能性はいくつもあるが、生命を維持する化合物が生命となるために越えなければならない一線がどこにあるのかについて一致した見解はまだない。

もちろん、科学者には自分なりの考え、つまり、生命を生んだ重要な化学反応を何が起こしたのかについての仮説はある。そうした仮説はしばしば、地球上の特定の場所に関連づけられている。物質がちょうどよい形でエネルギーと出合うと考えられる場所だ。そうした場所の一つに熱水噴出孔がある。これは海底にある亀裂で、地殻から上昇してきた熱水が湧き出ていて、熱水に含まれるミネラルが冷え固まって煙突のような構造を海底につくる。こうした構造の内部で、化学反応によって生命の構成要素が生じる可能性がある。さらに重要なのは、ここで代謝反応が生まれた可能性もあるということだ。生物がエネルギーを生み出す機構のもとになった分子が合成されたかもしれないということである。

別の候補として海岸がある。潮の満ち干があるたびに、岩場に打ち寄せる波が生命に欠かせないアミノ酸の一部を海から運び、どこかの表面に集まった。潮が引くと、乾いた分子どうしがくっつく。つまり、蒸発する水が分子どうしを引き寄せて結合させる。こうして潮の満ち干のたびに分子が加わって鎖が長くなり、やがて最初期の生命の分子が閉じ込められていた岩場から動き出すというわけだ。岩石ではなく、空に着目する科学者もいる。海面から湧き出すあぶくに生命を構成する最小の分子が含まれ、それが大気中を漂っているうちに太陽から降り注ぐ紫外線を浴びて化学反応を起こし、変異が可能になって進化のプロセスを始めた。その新たに生まれた複雑な分子が雨に混じって海に降り注ぐ。このサイクルを繰り返すうちに、生命の分子が出現したというわけだ。

どの仮説にもそれぞれ何らかの強みはあり、互いに相容れないものもない。ひょっとしたら、深海の熱水噴出孔、海岸、海面のそれぞれが、生命を出現させる化合物類の初期の蓄積に役立ったのかもしれない。初期の地球全体が生命を宿す巨大な反応炉だった可能性もある。

あなたの持論がどれであるにしろ、こうした分子はある時点でどこかに集まったに違いない。そうしないと、海に放り込まれたほとんどの物質がそうであるように希釈されてしまうからだ。そして、膜となる初期の分子が自己複製可能な分子を取り囲んだ。そのうち、自己複製可能な分子は膜を支配するようになり、膜の分子を複雑にして新たな分子をつくった。こうした単純な始まりから、試行錯誤を通じて多様な分子が生み出され、やがて地球で初めての細胞が出現したのだろう。

こうした道筋、化合物のスープから自己複製する細胞が出現したという道筋についてどう思うだろうか？　これは必然だったのか？　それはわからない。難なく出現したとも考えられる。有機化合物が隕石に乗って次々に降り注いだり、地球の表面から噴出したりして、地表を覆っている姿を想像してみよう。膜を形成する分子の内側では、毎日無数の実験が繰り広げられている。そのなかの一つでも自己複製ができる単純な細胞となり、進化可能な構成単位になればよい。ひょっとしたら、一日足らずで生命が出現したかもしれない。

この問いのなかには、いくつものほかの謎がある。タンパク質とＤＮＡ、ＲＮＡのうち最初に出現したのはどれか？　タンパク質が最初に出現した場合、細胞は遺伝コードがない状態で自分自身をつくるために必要な情報をどのように得たのか？　だとすれば、遺伝コードが最初に出現したのかもしれない。ＲＮＡやＤＮＡの一部である遺伝コードが生命の先駆者だとしたら、とりたてて何かを表しているわけでもない化合物の暗号の連なりが、何の役に立ったのだろうか？　もしかしたら、この初期のコード自体が化学反応を引き起こす存在だったのかもしれない。コードと触媒という二つの顔を併せもつ化合物だったのか。その場合、触媒として働くタンパク質はあとから出現し、生命の構造にさらなる複雑性や可能性をもたらしたとも考えられる。

こうした謎に対しては二通りの解釈ができる。一つは、初期の生命の構造が多様だったことを伝えているのかもしれないという解釈だ。タンパク質が先か、核酸が先か、それとも両方が同時に出現し、別々に機能を果たしていたのか。もしかしたら、無数の実験が繰り広げられていた状況では、どちらが先かは重要でないかもしれない。出現しうるあらゆる分子の配列が何度も試され、やがてこの惑星にあった分子のスープのどこかで特定の化合物の組合せが細胞を生んだ。たぶん初期の地球では、そうした原始的な生物どうしが地球の至るところで競争を繰り広げていたのかもしれない。そのどれかが、この地球に生まれたあらゆる生命の最初の祖先となったのだろう。

一方で、初期の地球についてわかっていること、あるいはわかっていると思っていることは、この分子のスープがあるきわめて特殊な状況が生じるまで生命を宿さなかったとの仮説とも矛盾しない。この見解では、タンパク質、ＤＮＡ、ＲＮＡ、膜といった生命の構成要素がエネルギーの力に引きずり回されながら一定の動きをしているうちに、やがてすべての動きが連携して最初の細胞が出現したということになる。その場合もやはり、地球はどろどろした原始の有機化合物に覆われていたが、そのほとんどは生命を生まないままに終わった。生命どうしの競争はなく、数々の進化の実験が繰り広げられることもなかった。その代わり、どこかでたまたま偉業が達成された。生命にとって必要な構成要素が、何の理由もなく、膜のなかに取り込まれたのだ。構成要素はどんな働きをしたかはわからないが、本来の働きをしながら膨張していくうちに、地球史上初めて膜が二つに分割され、その二つのそれぞれにまったく同じ自己複製分子のちっぽけな集まりが含まれた。それがまた分割され、さらにもう一回、もう一回と分割された。これで一六個の細胞が地球に出現した。それから数分ごとに分割を四度繰り返す。これで一二八個だ。さらに三度分割を繰り返すと、細胞の数は一〇〇〇を超える。一日足らずで、世界は生命に支配された。地球は生命の惑星となった。生物圏が誕生したのである。

ひょっとしたら宇宙は海だらけで、海岸線に波が打ち寄せ、熱水噴出孔とあぶくがアミノ酸から膜まで生命の構成要素を日々循環させているが、細胞の姿は見えないだけかもしれない。何も生まれなかった可能性もある。適切な化合物とともにエネルギーもたっぷりあるから、生命を宿す可能性はある。しかし、地球の外では、生命の原料と生命自体の出現のあいだには大きな溝がある。それは、捨てられたおもちゃの積み木から大聖堂を築こうとするようなものだ。

ほかの惑星を観察して生命を探すことで、そして、実験室で実験を重ねることで、いつの日か、私たちが幸運な存在なのかありふれた存在なのか、地球のような惑星にありふれた単純な分子から生命が出現する運命にあったのか、それとも私たちがめったにない出来事から生まれたのかどうかを推測できるかもしれない。知的な地球外生命と知性や文化の交流ができる可能性を考えるとわくわくするのは確かだが、宇宙で生命を探すもっと基本的かつ科学的な理由はある。私たちの惑星が今のようになった過程について、驚くべき手がかりが得られるかもしれない。

駅からコーパス・クリスティ・カレッジまでの乗車時間はわずか数分だったから、この不確かな長い歴史についてドライバーに説明する時間はなかった。生命の必然性に関する謎を目の前に突きつけられたとき、私は降参するしかなかった。「その質問の答えはわからない」と私は言った。「実際、答えられる人はいないんだ。だからこそ、この質問は興味深い。生命が希少なのかありふれたものなのかは、単純にまだわかっていないんだよ」。大学に着いてタクシーを停めると、ドライバーは首を振りながら笑顔を見せた。「まあ、そういう単純なことこそ、わからないんだろうね」。私はうなずいて礼を言った。彼の最後の言葉は、単純だが真実を適確にとらえていた。私たちは数々の難しい問いに答えてきた。私たちの体、環境、そして宇宙全体に関する多くの複雑な事象を詳しく説明することはできる。しかし、きわめて単純な問いへの答えはまだ見つけていない。私たちは種の進化を何千世代も昔までさかのぼることができるが、そもそもなぜ地球に生命が存在するかを説明することはできない。私は料金を支払って、通りに出た。

美しい空を見ると、私たちは息をするのも忘れるほど魅了されることがある。空には呼吸できる空気があるにもかかわらずだ。地球の大気に含まれている酸素は、人類をはじめとする大部分の生物が活動するための目に見えない燃料である。だからこそ、科学者はほかの惑星で酸素ガスを探している。

受刑者向けの講座を行なったあと、エディンバラ刑務所からブランツフィールドまで乗ったタクシーのなかで。

第16章　なぜ呼吸するのに酸素が必要？

それは肌寒い朝で、肌にまとわりつくような湿気を感じた。そうした日には、自分が大気のなかで暮らしていることを実感する。

「寒いね」。タクシーが刑務所の門から出ようとするとき、ドライバーはそう言って咳をした。私は受刑者たちが設計した月面基地について彼らと話してきたところだ。その講座は「ライフ・ビヨンド」というプロジェクトの一環で、科学的な概念を宇宙探査の視点から受刑者に教える教育イニシアチブの一つだ。

「空気を食べられそうだね」と私は言ったが、それは変な答えだったかもしれない。「そんな寒さだってことだよ」

「変な感じだね」とドライバーは言った。空気のことを言っているのだ。「そこにあるのが当然だと思っている」。すると、彼は私の仕事を尋ねてきた。詮索好きなタイプなんだろう。タクシードライバーのなかにもそうした人はいる。タクシーに乗って座席に座り、ありふれた挨拶以外のことを言うと、ドライバーはそこに会話のチャンスを見いだす。彼も話しているうちに興味を示してきた。濃い黒の眉毛がミラーに映っている。ハンドルを引っ張るようにもっている。黄色いコートに身を包み、その高い襟が白髪交じりの黒髪を包んでいる。私は自分の仕事について説明した。

「科学者なんだ。じゃあ、空気について教えてほしい。空気はどのようにできて、なぜ人間は呼吸できるのか?」と彼は尋ねてきた。

それはタクシーの車内で尋ねられる質問としては奇妙だ。実際のところ、ほとんどの状況でちょっと奇妙に聞こえる質問ではある。とはいえ、地球の大気の歴史は非常に興味深い。毎年、宇宙生物学専攻の学生に教えているが、それをしばらく続けていると、そもそも酸素がどのようにして大気中に集まり、私たちが自由に呼吸できるようになったかを、必ずしも多くの人が考えているわけではないということを忘れてしまう。だが、タクシードライバーのなかには考えている人もいる。

冬の寒い朝に外でじっと立ったまま、野原を見渡し、パリパリに凍りついた足元の草を見る。かすかな霧のなかから、鳥の鳴き声が聞こえる。霧で音がくぐもり、木々は輪郭しか見えない。そこで新鮮な空気を深く吸い込んでみよう。しかし、田園地帯は昔からこんな風景だったわけではない。少し時間をさかのぼってみよう。正確には四五億年ほどさかのぼると、風景はまったく違う。地球はほかの惑星と同じように、ガスなどが円盤状に集まった領域で物質が凝集して形成されたばかりで、あなたは火山活動でいち早く生まれた陸塊に立っている。足元には最近まで溶けていた茶色い岩石が乾いた大地に地平線まで広がっている。そこかしこで、小さな穴から蒸気が出ている。それは火山性ガスが出ている穴だ。それはまだ生命のいない地球である。最初の生命さえ出現していない。そして、もう一つ大きな違いがある。あなたは顔全体を覆った人工呼吸器の小さな窓から景色を見ている。人工呼吸器は酸素ボンベにつながっている。マスクを絶対に外してはいけない。そんなことしたら、一瞬にして窒息してしまうからだ。

タクシーが刑務所の門を出たところで、私は話し始めた。「そうだね、地球ができたばかりで、熱い岩石の球だった頃の風景を思い浮かべてほしい。地球には生き物が呼吸するための酸素がなかった。地球を覆っていた最初期のガスは地球の内部から出てきたガスか、地球ができた頃の名残だった」

「灼熱の岩石の球だった最初期の地球では、おそらく水素とヘリウムが大気に含まれていた。これらの元素はとても軽くて、すぐに飛んでいってしまい、宇宙に拡散していった。残ったのは、地球の内部から湧き出てきたガスだけだ。それは有害なガスで、あっという間に厚い大気を形成した。含まれていたのは一酸化炭素、二酸化硫黄、硫化水素、水素、二酸化炭素といった、いくつもの種類のガスだ。今でも地下から出てきているよ。濃度ははるかに小さいけどね」

「要するに毒ガスみたいなものかな」とドライバーが口を挟んだ。

「まさにその通り。非常に有毒だよ」と私は言った。

それは、少なくとも人間には有毒という意味だ。現在の地球に棲む生命の大部分にとっても有害ではある。とはいえ、初期の地球には生命がまったく棲めなかったわけではない。生命が微生物という形で出現し始めたとき、多くの生命はガスを食べていた。大気中のガスを取り込むことで、微生物は成長と細胞分裂に必要なエネルギーと栄養を得ていたのだ。水素と二酸化炭素を取り込み、メタンを老廃物として放出した（メタンは今ではウシのげっぷに含まれていることで知られ、原始の地球とはあまり結びつけられないが）。微生物のなかには硫酸塩鉱物を取り込んで硫化水素ガスを生成するものもいた。その硫化水素ガスはほかの微生物に取り込まれて、代謝作用に使われた。こうして炭素、硫黄、窒素といった元素の大循環が始まり、生物圏に栄養を供給していった。もちろん、この大循環は今でも続いている。それを支えているのは、当時と同じ種類の微生物や、わずかに変化した子孫だ。

酸素のない環境で生きていくのは厳しかった。ガスは豊富にあっても、生み出すエネルギーはそれほど大きくない。初期の微生物が原始の栄養源から得ていたエネルギーは、私たちが食べたサンドイッチを酸素のなかで代謝させることによって得るエネルギーのせいぜい一〇分の一しかなかった。鉄元素を含んだ栄養源などにいたっては、得られるエネルギーが一〇〇分の一しかない。とはいえ、進化の最初期に生命を支えられるだけのエネルギーはあった。

「それで、大気はずっとその同じガスの混合物のままだったのかい？」とドライバーが尋ねてきた。

「しばらくはね。生命は一〇億年、ひょっとしたらそれ以上の歳月のあいだ、たいして変わらなかった。微生物の世界は泥に覆われていた」。そうした酸素を嫌う生命は、嫌気性の微生物と呼ばれ、海のなかに棲んでいるほか、陸地で生きられるように適応したものもいるし、地下深くの岩石を食べて生きているものもいる。しかし「その後、すごいことが起きたんだ」と私は説明を続けた。「ある微生物が見事な発見をした。必要なエネルギーを補うために、水を利用する方法を見つけたんだ」

ご存じのように、水のなかには電子が含まれていて、理論上は生命がエネルギーの収集に利用できる。しかし、電子を使うためにはある化学の妙技が必要だ。まず、電子を得るためには水分子を分解する必要があるのだが、それが容易でない。水分子の分解には特別な触媒を要する。さらに、電子自体を働かせるために太陽光を使わなければならない。電子は太陽光のエネルギーがなければきわめて微弱であり、電子を利用するために必要な化学経路を組み立てるには、さまざまな遺伝子を組み合わせる必要があった。これは、生命が一〇億年にわたりこの問題に対してほとんど進展を見せなかった理由の説明になるだろう。水と太陽光を利用する細菌を生み出す生化学のマジックを発見するチャンスが到来するまでに、これだけ長い時間がかかったということだ。新たに出現した生物は、酸素を生成する最初の光合成生物だった。この生物は太陽光と水をエネルギー源にして成長し、増殖して、地球全体に分布を広げていった。

ドライバーは熱心に耳を傾けていた。「でも、なんで水なんだろう？」と彼は尋ねた。「どこにでもあるからっていうことだろうか。すごく簡単に手に入るから？」

「太陽光もね」と私は続けた。地表にとどまっている限り、太陽光はどこにでも当たる。水については、今の地表のおよそ四分の三が水に覆われている。海もあれば湖もあり、川や池もあるから、水は硫化水素や水素のあぶくよりはるかに豊富だ。しかし、硫化水素や水素はそれまでの生命に制限を与えていたものの、それほど希少というわけではなかった。硫化水素や水素を手に入れるためには、それらのガスが出ている火山湖の付近や深海の熱水噴出孔に棲む必要があった。そうしないと、ほかの生物がガスを先に取り込んでしまう。だが、水はどこにでもあった。

最初の光合成生物がその特別な妙技を獲得して以降、競争はなくなった。ガスを取り込む微生物はその後も存続したが、自由に使えるエネルギー源を世界中にもつ生物を打ち負かすことはほとんどできなかった。その新型の微生物であるシアノバクテリアはまもなくあらゆる水域に進出し、進化の栄光の道を歩むことになる。シアノバクテリアはほかの細胞との連携関係も築いた。ほかの細胞はシアノバクテリアを取り込んで藻類を形成した。そのうち藻類は植物へと進化し、やがてバラやラズベリーにもなって、陸地を支配することになる。地上や海中に棲む緑色の光合成生物が今あるのは、水から電子を取り出す方法を見いだした数十億年前の発見のおかげだ。しかし今は、シアノバクテリアが原始の地球で増殖と複製、代謝にいそしむ単細胞生物の一つだった時代に立ち戻ろう。

「ここで意外なことが起きた」と私はドライバーに言った。「こうした新参者の生き物は単なる微生物ではなかった。水を分解し、太陽光を集めて活動のエネルギーをつくるうち、私たちと同じように老廃物を出すようになった。それが酸素ガスだ。そのガスが小さな湖のなかや海の表面に集まり始めた。それが、今ある酸素だ」

酸素が蓄積されるまでには長い時間がかかった。それは一つには、酸素ガスが消えやすい性質をもっていることがある。初期の大気では、反応性の高い火山由来の化合物が多く、酸素はメタンや水素といったほかのガスと反応してしまい、長く残らずに大気から消えてしまったのだ。海中の鉄でさえ、酸素ガスと反応する性質がある。酸素を放出する微生物は自分のことだけをやり続け、まわりの環境にはほとんど影響を及ぼさなかった。

その日タクシーに乗っていた時間は、こうした初期の地球の出来事をめぐるツアーのようなもので、一マイルごとに一〇億年分の地球の歴史を振り返った。刑務所の門を出たときは、地球が形成されたばかり。ゴーギー・ロードを走っているときには、微生物が水を分解する方法を発見した。ヘイマーケットに着いたときには、酸素の大発生が進行中で、地球は動物に適した環境に変わりつつあった。

だが、これらはおとぎ話なのか？　私がドライバーに話したことが真実だと、どうやったらわかるのか？　そのためには、タイムトラベルのようなことをすればいい。いや、私は本物のタイムマシンをもっているわけではないのだが、地質学者は間接的にタイムトラベルをすることができる。彼らは岩石の地層を掘り、クレーターだらけで灼熱の初期の地球にどんな鉱物が存在していたかを調べることができるのだ。そうした鉱物には、当時の大気に含まれていたガスに関する手がかりが残されている。鉱物は周囲にあるガスに応じて異なる挙動を示すからだ。たとえば、岩石が酸素にさらされている場合、酸化物と呼ばれるものを形成する傾向にある。簡単に言えば、岩石がさびるということだ。酸素は岩石と非常に反応しやすく、あなたの自転車に使われている金属のように、岩石もさびてしまう。

ここからがタイムトラベルの話だ。時がたつにつれ、酸化した鉱物は地表を移動する砂のなかに埋もれてしまう。そして数十億年後に地質学者が掘り出すと、その岩石はタイムカプセルとなる。その岩石を調べれば、遠い昔にどのようなガスが周囲に存在していたかがわかり、太古の地球で何が起きていたかを詳しく知ることができる。これまでにわかったことの一つは、およそ二五億年前より前の時代には、酸化した鉱物が大量に見つかる場所はないということだ。その時代に多い鉱物は、大気中の酸素が乏しい環境で見つかると予測される鉱物そのものである。言い換えれば、地下深くから掘り出したサンプル（この場合「プロキシ」と呼ばれるサンプル）には、二五億年前より古い酸化した岩石がほとんど見つからず、二五億年前より新しいものは多く見つかるということだ。このことから、初期の地球には、今の私たちにとって当たり前に存在する酸素が実質的になかったことがわかる。

その酸素がのちに出現することになったのは、もう一つの大きな進展があったからだ。シアノバクテリアが酸素を生成していたとき、大気と海中の鉄が酸素ガスを使い尽くしたことを思い出してほしい。しかし、そのうち酸素と結合する反応性の高い化合物が使い尽くされ、酸素をそれ以上使い切れなくなった。こうして残った酸素が大気中に蓄積され始めた。シアノバクテリアはそんな状況を気にもとめず、生きている場所がどこであろうと酸素ガスを放出し続けた。そのうち大量の酸素が大気に蓄積された。

ただし、ここで話がこんな単純なものだとの印象を与えたくない。これほど単純だったら、地質学的な証拠は現状のものとはかなり違った姿になるだろう。先ほど私が説明した以上の出来事がなかったとしたら、酸素を固定する反応がだんだん弱まり、微生物が着実に酸素ガスを大気に供給するうちに、大気中の酸素濃度が徐々に高くなっていく傾向が見られるだろう。しかし、現状の地質学的な証拠が示すのはそうではない。少なくとも地質学的なスケールでは、酸素濃度の上昇は急激だったように見える。地球は酸素がほとんどない惑星から、酸素がおそらく現在の数十分の一の濃度を占める惑星へと急速に変化を遂げたのだ。これは突然の大きな変化だ。環境を一変させる、何らかの劇的な現象が起きたに違いない。

その現象が何だったのかは議論の余地がある。とはいえ、何かしらのスイッチが入って、およそ二五億年前に地球は酸素の豊富な惑星へはっきりと移行し始めた。この新たな状況はその後一八億年ほど続いた。そして、再び酸素濃度の急上昇が起きた。およそ七億年前、酸素濃度が比較的急速に現在の濃度近くまで上昇したのだ。この急上昇の理由もまたはっきりわかっていない。いずれにしろ、現在の地球の姿になったのである。

「なるほど」とドライバーが言った。「そうやって酸素ができたんだね。それで、動物、あなたや私が現在のように使えるようになった。今わかったよ」

「興味深いのは、酸素はそれまであったガスとは違うということ。なぜ私たちが酸素をあらゆる活動のエネルギー源として使えるかというと、酸素は非常に強力な酸化剤だからだ。たき火をしたり、バーベキューの火をおこしたりするときにわかるよね。古新聞や石炭は酸素を酸化剤として使って燃え、エネルギーを放出する。生命もこれと同じ反応をしているんだ」

　生命がバーベキューの火と同じ反応をするというのは、文字どおりの意味だ。あなたの体はキャンプファイアとまったく同じ化学反応を起こし、有機物質、つまり食べたパストラミやピクルスを酸素と反応させて燃やしている。あなたの体がたき火と大きく違うのは、この反応が細胞の内部で制御された状態で起きていることだ。反応を厳重に管理しなければ、あなたはひとりでに燃えてしまうだろう。

「だから、たくさんのエネルギーを得られるんだ」とドライバーは結論を言ってくれた。

「まったくそのとおり。たき火を見ればわかるように、酸素のなかで物を燃やすと大量のエネルギーが出るんだ。いったんそのやり方を見つけると、生命はすごい量のエネルギーを生み出す反応を自由に使えるようになった。初期の地球にあったほかの微力なガスや岩石ではそうはいかない。シアノバクテリアは水を分解するという見事な発見をし、酸素という老廃物を放出することによって、エネルギー革命を起こしたんだ」

革命はとてつもなく大きな結果をもたらした。酸素という新たな酸化剤が登場したことで、生命が大きく花開いたのだ。おそらく最も重要だったのは、新たなエネルギー源を得たことで大型化が可能になったことである。細胞は互いに協力できるようになり、より大きな構造を形成した。動物が出現し、やがて人類へと進化する多細胞生物は五億五〇〇〇万年前頃から化石記録に残るようになった。骨格を備えた動物に至るこの生命の隆盛を、その少し前（これも地質学的なスケールで少し前という意味）に起きた酸素濃度の上昇と関連づけて考える人は多い。

生物の大きさと進化には非常に密接な関係がある。大きさを増すことで、新たな能力や、ほかの動物を含めた周囲の生態系と相互に作用するための新たな機会といった新しい道が開ける。重要なのは、動物が大きさを増すと、ほかの動物を食べられるようになることだ。一方、この行動の犠牲になるほうの動物も大型化した。そうすることで捕食されにくくなるからだ。体が大きい動物は繁殖し、みずからの遺伝子を次世代に受け渡すことができた。酸素の出現で、体の大きさと複雑性の「軍拡競争」が始まったのだ。

その結果起きたのが、いわゆる「カンブリア爆発」だ。これは地質時代の一つであるカンブリア紀（約五億四〇〇〇万年前~四億九〇〇〇万年前）の地層から、複雑な動物の化石が大量に見つかることから名づけられた。カンブリア紀は動物が出現した時代であると思われがちだが、パンケーキ状や葉状の奇妙な生物の化石はその前のエディアカラ紀の地層から見つかっている。カンブリア紀は動物が出現した時代ではないとはいえ、体の大型化や骨格を備えた動物といった、進化上重要な進展が見られた時代だった。骨格は岩石にきれいに保存されるため、動物の数が「爆発的」に増えたように見える。

カンブリア爆発では動物が体の大きさを増しただけでなく、動物がより多くのエネルギーを蓄えるにつれて、食物連鎖も長くなった。一つの動物が別の動物を食べ、その動物自体も別の動物に食べられる。捕食者が別の動物の獲物になる。こうした食物連鎖はだんだん複雑になり、より多くのエネルギーが消費されるようになり、規模も広がった。もちろん、「鎖」というのはぴったり当てはまる表現ではない。生物どうしの依存関係は、今も昔も、より複雑な機構をもった強い動物がその下位にある動物を捕食するという単純な形ですっきりと階層化されているわけではないからだ。カンブリア紀に出現したのは、生命どうしが複雑にからみ合った網目のような関係である。数十億年ものあいだネバネバした微生物しかいなかった生物圏が、短いあいだに多様な生物を宿すようになった。そうした生物の子孫が、今私たちが知る世界を彩っている。酸素が出現したことでイヌやトンボ、アリクイ、ツチブタといった動物が生まれたのだ。

エディンバラ刑務所を出発してからおよそ二〇分後、ブランツフィールド・プレイスに入ったところで、二度目の酸素濃度の上昇が起き、動物が地球を支配して、水中を泳ぎ回り、果敢にも陸地へと這い上がった。「これは人間にも必要だったたっていうことだよね」とドライバーが言った。「人間もたくさんのエネルギーが必要だから、酸素の出現によって人間も存在できるようになった」

「私たちの脳もこれと深い関係があるんだ」と私はきっぱり言った。「脳を動かすためにはおよそ二五ワット必要になる。これは従来の電球よりも少ない量だ。学生によく言うんだけど、結局のところ人間は電球だったらかなり薄暗いんだよ。いずれにしろ、走ったり、ジャンプしたり、スキップしたりするために人間の体はおよそ七五ワットが必要になる。だから、宇宙船を建造したり、インターネットでネコの動画を視聴したりできる知的生命になるためには、およそ一〇〇ワットの電力が必要になる。これは現代の住宅に必要な電力と比べれば少なく思えるかもしれないが、生き物のなかでは決して少なくない量だ。酸素のおかげでそれだけのエネルギーを使えるようになった」

酸素の出現でヒトはエネルギーを大量に消費する生き物となったが、酸素は必ず必要なのか？　これは大きな問題だ。生命の繁栄、そして知的生命の出現は酸素がなくても可能だったのだろうか？ひょっとしたら、二度目の酸素大発生のあとに動物が出現したのは偶然だったのか。複雑な生物圏が酸素なしで出現する可能性もあるのではないか。しかし、それはちょっと想像しにくい。まず、エネルギー源として岩石を食べる場合、四六時中、岩石を探し回らなければならない。これはかなり不便で、住める場所や環境の範囲が限られる。一方、酸素は大気中のほとんどどこにでもある。自分のいる場所で吸い込めばいいだけだ。エネルギー源になりそうなガスは、硫化水素などほかにもあるが、酸素と比べると得られるエネルギーははるかに小さい。つまり、あなたは今と同じ活動はできないということだ。もし二五ワットの脳を動かし続けたいのなら、食べることにかなりの時間を費やさなければならない。ただし、日がな一日食べているのは非常に効率が悪い。狩猟、植物の栽培、食事にはそれだけでかなりの時間がかかる。

断言することはできないのだが、動物が出現し、最終的に知的生命が誕生するためには酸素濃度の上昇が必要だったように思える。これが今のところ最も理にかなった仮説だ。これが正しければ、地球が非常に長いあいだ微生物だけの世界であり続けた理由も説明できるだろう。結局のところ、動物が微生物のあとに続いて必然的に出現した生物である場合、酸素濃度の制約がなかったとしたら、なぜ動物は現実より数十億年前に出現しなかったのか？　微生物だけの時代が数十億年続いたということは、何かしらの要因が生命の発展を妨げていたことを示唆している。酸素濃度の上昇が生命の複雑化という革命を起こすきっかけとなったという考えはしごく理にかなっている。

興味深いのは、より大型で能力の高い動物の出現に先立つ七億年前の二回目の酸素大発生は、最後ではなかったことだ。およそ三億五〇〇〇万年前にも大気中に酸素が占める割合は約三五％まで上昇した。その一億年ほどあとに、酸素濃度は現在の水準まで低下した。

ここで、酸素濃度が一段と上昇した時代にはさらに大きな動物が出現したと考える読者もいるだろう。大気中の酸素が増えれば、手に入れられるエネルギーも増える。これは大部分の昆虫など、拡散作用を利用して酸素を取り込んでいる動物には当てはまるだろう。大部分の昆虫は酸素をみずから体の奥深くまで送り込むことはできず、酸素ガスが微小な経路を通って体の構造の最奥部まで浸透していくのを待つだけだ（ゴキブリなど、一部の昆虫は腹部をポンプのように動かして酸素を取り込むことができる）。大気中の酸素濃度が大きくなれば、酸素が体のさらに奥まで拡散できるようになるから、昆虫の体はさらに大きく成長することが可能になるだろう。

実際、この考えを裏づける証拠がある。化石記録からは三億年前の昆虫が大型化していたことがわかるのだ。その一つが、トンボに似た巨大な絶滅昆虫であるメガネウラだ。翅を広げた幅は一メートルをゆうに超え、手ごわい捕食者だっただろう。石炭紀の大森林の下生えまで急降下して、ほかの昆虫だけでなく、最初期の四本脚の爬虫類さえも捕まえていたかもしれない。体長一メートルを超す奇妙なヤスデやムカデも当時の地球を這い回っていた。そのたくさんの脚で太古の森の地面を移動し、かさかさと音を立てながら獲物を探し回っていたのだろう。

こうした屈強な生き物は酸素濃度の上昇によって生まれたのだろうか。酸素ガスが増えたことで、ゴジラのように巨大な体にまで成長できるようになったのか？ 直感的にはそうであるように思えるが、一部の科学者は疑問を呈している。酸素が増えれば得られるエネルギーも増えるが、そのぶん体を損傷させるフリーラジカル（生命に欠かせない分子を破壊する反応性の高い酸素の原子と分子）もより多く生成される。大気中の酸素が増えると、昆虫のように受動的に酸素を取り込む生物は大きくなるのではなく、小さくなると主張する人もいる。

優れた仮説を手放すのは難しいこともあるし、酸素をエネルギー源にするトンボが大型化したとの考えは何かしら魅力的でもある。真実が何であるにしろ、だいたいの科学者は、地球の生命がどのように進化してきたかを説明するうえで酸素が中心的な役割を果たすと考えている。酸素は「容疑者」の列にいつも入っている。ちょうどよいときに必ず現場にいるのだ。生命に関するあらゆる物語で、事件の夜に目撃された者は誰？ 酸素だ！

ここまでの話すべてに、地球外生命がからんでくる。研究者がここまで酸素にこだわっているということから、天文学者がほかの惑星で酸素ガスの探索にとりわけ大きな興味を示している理由がわかるのだ。系外惑星の大気中に酸素が見つかり、その酸素が地質学的な作用で発生していないとすれば、生命が進化している確かな証拠となる。酸素が存在するからといって動物が存在する、ましてや知的生命が存在すると証明できるわけではない。酸素が豊富な惑星でも、かつての地球のように複雑な生命が繁栄しないままの状態にとどまる可能性はあるからだ。しかし、系外惑星に酸素が存在すれば、動物や脳をもった生命が存在する可能性はある。大量の酸素を含んだ惑星をたくさん見つけた場合、そのなかの一つか二つは地球に似た生物圏を備え、ひょっとしたら知的生命も存在する可能性が高いとも考えられる。大量の酸素を含んだ惑星をごくわずかしか発見できない場合、酸素を利用する知的生命は希少だと考える根拠が得られる。

タクシーが私の自宅に着き、料金を支払ったところで、私たちのタイムトラベルは終了。今の地球には、私たちにとって欠かせない現代の大気が備わっている。私はタクシーを降り、旅の道連れになってくれたことに礼を言い、ぴんと張りつめた新生代のおいしい空気を吸い込んで、家に向かった。

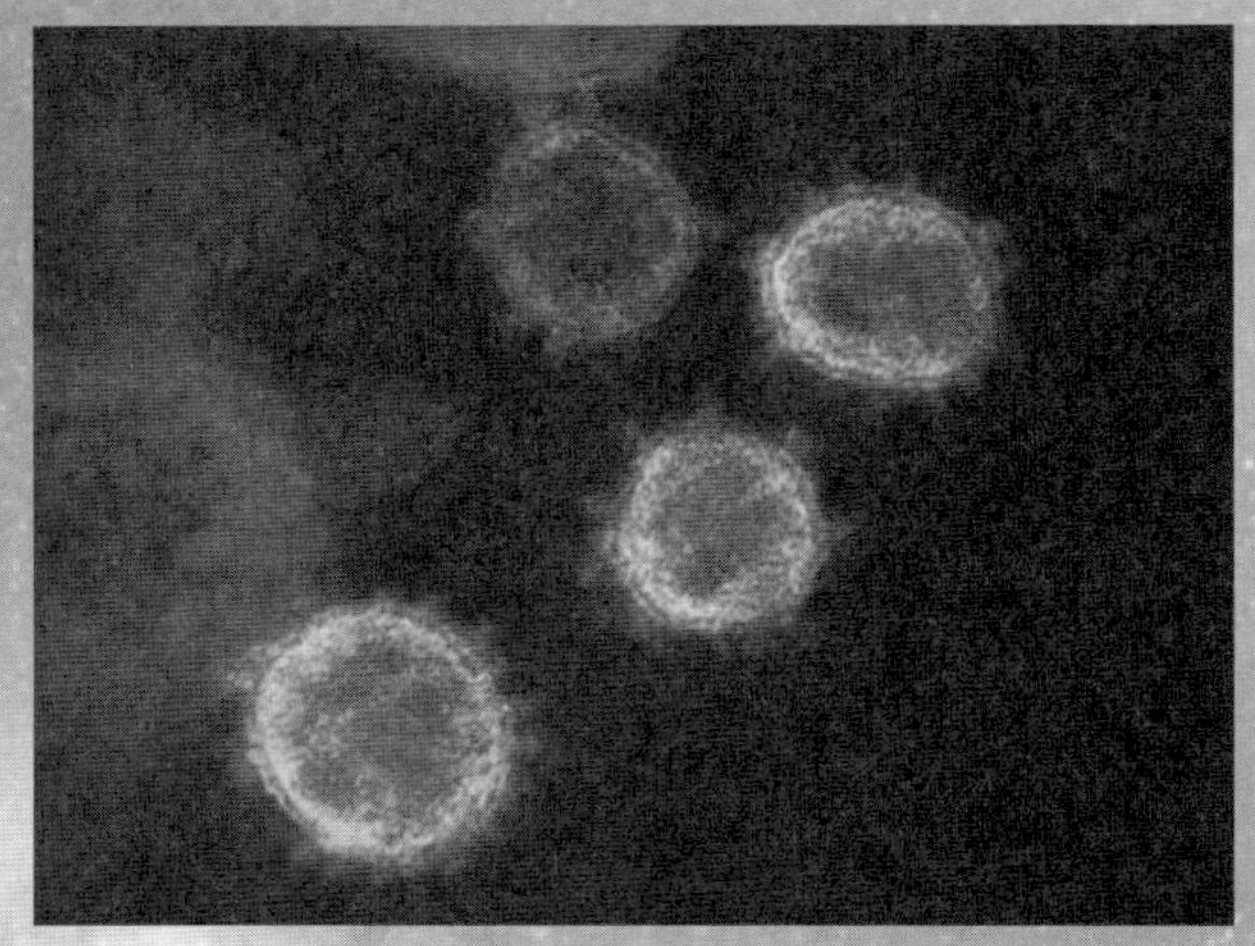

新型コロナウイルス（SARS-CoV-2）は単独では無害で、直径およそ100ナノメートルの何もできない分子だ。しかし、細胞のなかに入り込み、複製できるようになると、世界的なパンデミックを引き起こす。このウイルスは生命の一例なのか、それともほかの何かなのか？

刑務所教育についての話をしにグラスゴー行きの列車に乗るために、ヘイマーケットまで乗ったタクシーのなかで。

第17章　生命とは何を意味する?

宇宙探査ほど、私たちの心を動かすものはほとんどない。ニール・アームストロングの月面歩行（今の子どもたちには古代の歴史のように思えるに違いない）から火星探査車の冒険まで、宇宙研究の科学的な目的についてよく知らない人にさえ刺激をもたらす探査はたくさんある。宇宙の広大さ、そこに生命が存在する可能性、人類が将来宇宙に進出すると考えたときの興奮は、ほとんど共通点がなさそうな人びとの心もつかむ。たとえそれが娯楽だったとしても、宇宙にはすべての人を魅了する何かがあるのだ。

こんなことを念頭に置いて、私は二〇一六年に「ライフ・ビヨンド」という、前章で触れた受刑者教育プロジェクトを始めた。スコットランド刑務局とファイフ大学との共同事業で、受刑者に未来の宇宙植民者の立場に立ってもらう取り組みだ。参加者は月や火星に建設する基地を設計する。これは科学や芸術など、さまざまな分野や職業に携わる試みである。参加者は基地のモデルを描き、火星から送信する架空の電子メールを書き、月のブルース音楽を作曲する。こうした試みを通じ、受刑者はほかの惑星への入植という人類の野心的な計画に貢献している。彼らの設計や作品はこれまでに二冊の書籍として出版され、国内の賞や宇宙飛行士からの称賛を受けてきた。私自身は受刑者との取組みに非常に大きなやりがいを感じてきた。学術界の期待をいったん脇に置き、私の仕事ではかかわりのない人びとのために働く絶好の機会となる。

ふだんは科学の話をたくさんしているのだが、この日は刑務所の仕事がテーマだ。グラスゴーに行き、ライフ・ビヨンドに興味をもつ研究仲間とこのプロジェクトについて話し合う。黒いタクシーの後部座席に乗り込むと、おしゃべりなドライバーに出会った。それも職業柄ではある。なかにはまったくしゃべらないドライバーもいるのだが、多くのドライバーは話し好きだ。今回のドライバーはおそらく四〇代の熱心な男性で、すぐに話し始めた。「世の中ってのはおかしなものだね。今朝、仏教の講座を受けるっていう女性を乗せたんだけど、動物にいかに心があるかを語ってきた。私たちはみんな何かの生まれ変わりで、来世を待っていること以外は何の意味もないんだって」

これはその日の私に関係のない思考ではなかった。話の要点は何か？　なぜ私は刑務所で火星基地を設計しているのか？　なぜ私は誰もがこれをすべきと考えているのか？　なぜ私は火星移住が人類の文明にとって価値のある目標だと考えているのか？　私は刑務所で宇宙探査を教えることに興味をもつようになったとき、何か特別な目的をもっていたわけではなかった。何となく、価値のある時間の過ごし方だと感じただけだ。人生自体に目的があるとは言えないというのが、私が長年抱いている信念だ。繁殖と変化のサイクル、進化の旅。それが単純に起き、目まぐるしい突然変異を通じて私たちが生まれた。そういうものだ。私はタクシードライバーの考えを聞きたいと思った。

「きみはどう思う？」と私は尋ねた。「ライフって何だろうか？」

「それは『ライフ』の意味にもよるね。つまり、私たちは何者なのかってことさ」。それは深遠な答えそのものだった。「ライフ」という言葉は何を意味するのか？　この問いは魅力的な話題を生んだ。

英語の「ライフ」という言葉は、人生や生命など、いくつもの意味をもつ。この言葉は昔から人びとを悩ませてきた。自分の人生は何のためにあるのかと、誰もが思案している。日常生活の面では、生計を立てていこうとすればこの問いに答えなければならない。人生の目的という大きな問いは、より具体的な問いに落とし込まれていく。どんな仕事をするべきか？　どこに住むべきか？　こうした問いは人生という言葉が日常生活での経験によって形になった例だ。存在の意味を確立したいという衝動や必要性が日々の暮らしのなかで具体化された。

こうした日常の懸念事項の下で海流のように絶え間なく押し寄せてくるのは、人生という言葉のもっと深い意味だ。人生全体の目的とは何か？　私たちが乗る運命の潮流を決めたのは、何の打算もない冷たい宇宙なのか、あるいは全知全能の神なのか？　それとも、意図や方向性のない決定論的な進化の力が日々働いているだけなのか？　私たちの存在の底流に純粋な決定論があるとの考えを受け入れたとしたら、私たちは個人や文明として、自身の目的をつくったり信じたりすることで人生に意味をもたせることはできるのだろうか？

しかし、タクシードライバーが「ライフ」について私に尋ねたときに念頭に置いていたのは、こうした人生の話ではないだろう。彼が考えていたのは、ミミズやカタツムリ、ヒョウ、人類に関するもう一つの興味深い質問だったのではないか。私たちが生命と呼ぶ物質について考えていたのだ。生命とはいったい何だろう？　生き物と単なる物体との違い、つまり「生きている」と「生きていない」との違いは何だろうか？

船が水面下の岩礁に乗り上げて難破するように、この問いも遠い昔から思索という航海に乗り出した人びとの心を難破させてきた。どれだけ徹底的に物質的な現実に注目しても、どれだけ客観的かつ還元主義的になろうと心がけても、ほとんどの人が生命にはテーブルと椅子を見分けられるような何かがあるとの感覚から抜けきれない。私たちが生きていると考えたい物体を形成して動かしているものの本質とは何だろうか？

現在のような原子や元素の知識がまったくなかった頃、古代ギリシャ人は生命には特別な材料があると確信していた。これは、宇宙の成り立ちに関する説を思い起こせば説明しやすい。物体によって原料が異なる理由を説明しようと、紀元前五世紀の哲学者エンペドクレスはこんな独創的な説を考えた。万物は空気、水、土、火という四つの物質からなるとの説を唱えたのである。この四つを混ぜ合わせることによって、海から陸、テーブルから荷馬車まで、さまざまなものがつくられる。生命にも特段の謎はない。火が多めに加わることで、精力的で予測できない気性が生まれたというのだ。

アリストテレスも似たような説を唱えた。宇宙に存在するあらゆるものは「質料」と呼ばれる物質を含んでいると考えたのだ。彼は正しい方向に進んでいた。彼が考える質料の概念は、現代の物質に関する考えに相当する。しかし、この質料と混ざっているのが「形相」と呼ばれる別の謎めいた物質だ。形相は魂からなる。魂が混ざることによって質料は思考をするようになる。含まれている形相がごくわずかである場合は植物となり、もう少し多い場合は動物になる。形相を最も多く含んでいるのが、意識をもつ人間だ。アリストテレスとエンペドクレス、そしてほかの多くの哲学者が唱えた説の根幹にあるのが、生命と非生命のあいだには絶対的な違いがあるという確固たる信念である。

しかし一七世紀になると、生命と非生命の相違は、たとえあったとしても、結局のところそれほど根本的なものではないことがだんだん明らかになった。この頃、化学者はそれまでより注意深く系統的に実験を行なうようになっていた。こうした努力を通じて、元素の性質が見えてきた。物質をすりつぶしたり、熱したり冷やしたり、放射線を当てて反応させたりするといった何百年もの研究の末に、イヌはテーブルと同じものでできていることが明らかになったのだ。それは炭素、水素、酸素といった元素である。この世界のあらゆるものは同じ原子と同じ亜原子粒子でできている。生きているものと生きていないものとのあいだに、はっきり見える境界線はない。亀裂さえも見えない。化学者の試験管には火も魂も現れなかった。これはまったく不都合な事実だった。

物質が凡庸であるとの事実を回避するには、何か新しいものが必要だった。生命に特別な地位を与えたいと切望した人びとは、アリストテレスが唱えた魂を「エラン・ヴィタール（生命の飛躍）」と定義し直した。周期表にまとめられた原子の単なる集合であるという不名誉な扱いから、人類とその仲間の生き物を救おうというのだ。エラン・ヴィタールという奇妙な材料の正体について、奇人変人だけでなく真面目な科学者までもがさまざまな説を唱えた。一種の電気が生命を存在に導く引き金になったとの説もあった。動物の臓器を新型の電気装置に接続した大胆かつ驚くべき実験を行なえば、このエラン・ヴィタールと考えられているものの性質を発見できるだろうと思われた。しかし、推測の海に網を投げるばかりでは何も捕まえられなかった。非生命にはなく、生命だけにある特徴を発見できた実験は一つもなかった。

生命と非生命の絶対的な違いを見つける探究は、エラン・ヴィタールの存在を主張する生気論の衰退後も続いた。次に研究者が注目したのが、生き物の行動だ。これこそが生命を非生命と分ける特徴かもしれないと考えられたのである。道路を歩いているイヌを見て、自分自身にこう問いかけてみよう。なぜ私はイヌが生きていると考えるのか？　ここでは宗教的な考えを脇に置き、形而上の感覚を避けて、きわめて現実的な視点でこの問いを投げかける。いくつかの答えが思い浮かぶのではないか。まず、イヌの行動は複雑で予測できないと気づくだろう。これは、じっとして動かないテーブルとは違うように思える。テーブルに観察される変化と言えば、使っているうちに破損し、やがて朽ち果てていくということぐらいだ。それともう一つ、イヌは繁殖できるという特徴もある。二台のテーブルが結ばれて赤ちゃんテーブルが生まれるというのは、ハロウィーンのホラー映画だけの話だ。そして、二匹のイヌが結ばれて生まれた子イヌは、よちよち歩きのふわふわしたボールのような姿から、立派なおとなのイヌへと成長する。テーブルは天板を追加すれば広がるが、自力で成長することはない。

しかし、イヌとテーブルを分ける特徴のリストをじっくり調べてみると、相違と思われる特徴の多くは、すべての生命と非生命の比較には当てはまりにくいことがわかってくる。たとえば、渦巻きながら近所を突進してくる竜巻は、屋根や破片を巻き上げる姿はヘビのようで、その動きはイヌと同じぐらい予測しにくい。複雑な動きをするのは生命に限った話ではないのだ。それに、テーブルは繁殖しないとしても、非生命のなかには増殖するものがある。化学物質の液体のなかで成長する結晶は二つに分かれて、別々に存在し続けることがある。これは少し繁殖に似たように見える原始的な形の挙動だ。結晶を液体のなかに浸けたままにしておくと、結晶は小さな核から握りこぶし大の塊へと成長することができる。

このように生命の特徴を片っ端から列挙して、生命にしかない特徴を発見しようと試みることはできるが、例外のない特徴は一つとしてない。明らかに生化学の領域である代謝でさえ、生命に限った特徴ではないのだ。前に説明したように、サンドイッチを「燃焼」させてエネルギーを得ることと森を焼き払うことに、ほとんど違いはない。森を焼き払うときには、樹木などの有機物を酸素のなかで燃焼させ、廃棄物として二酸化炭素と水を放出する。これとまったく同じ化学反応が私たちの体のなかで起きている。ただし、起きている場所は生きた細胞の内部に限られているが。

進化は最後の砦のようにも思える。この容赦のない突然変異と淘汰のプロセスは生命に固有であるように見える。遺伝コードがなければ進化もないからだ。しかし、進化は生態系や生物に限った現象ではないことがわかってきた。一部の研究者が実験室で分子を進化させたのだ。コンピュータのソフトウェアも初歩的ながら遺伝コードに少し似た形で進化するようにつくられた。とはいえ、こうしたプログラムは進化した頭脳が生み出したものだから、非生命界における進化の事例とは言い切れない。

これとは反対の見方をするのも有益だ。私たちが生きていると考えている多くのものが、生き物が備えていると考えられる特徴を示さない。コーヒーテーブルは繁殖できない。これはコーヒーテーブルを生物と区別するうえで確固たる根拠であるように思える。しかし、一頭のラバもそれ自身では繁殖できない。とはいえ、ラバが荷車を引っ張って砂ぼこりの舞う道を歩いている光景を見たとき、ラバに生殖能力がないというだけで、それが生きていないと主張することは難しいだろう。そして、あなたや私、ウサギはどうだろうか？　私たちもまた単独では繁殖できず、相手があって初めて子どもをつくることができる。ウサギは一匹で野原を跳ね回っているときは死んでいて、めでたく交尾相手を見つけたときにだけ生きているということなのか？　議論が不合理な方向へ向かってしまった。こうなると、生命の独自性を主張する側は形勢が不利になる。

ネコに関する思考実験でよく知られる前述の物理学者エルヴィン・シュレーディンガーは、生命をめぐる議論に参戦したものの、たいした成果をあげられなかった。シュレーディンガーは生命がまわりの環境からエネルギーを取り込んで宇宙から秩序をつくり出したとの考えと格闘した。私たちの惑星では主に太陽が放つエネルギーを利用して生命が形成されている、つまり原子が子イヌや樹木に変化しているとの考えだ。とはいえ、確かに生命は宇宙のエネルギーを利用して複雑な機構を組み立ててはいるのだが、それは生命に限った話ではない。複雑性はコーヒーカップのなかの渦巻きにも表れるし、太陽の表面に生じるガスの乱流にも見られる。宇宙でエネルギーが拡散するにつれ、その過程で一時的に複雑性が出現する。地球に生まれた子ネコも、はるか彼方の太陽で美しい光景を見せる壮大な磁場のゆがみも、そうした複雑性の一例だ。複雑性の出現という普遍的な現象は、生命に精緻な形を与えているのかもしれないが、同じ現象は多くの非生命にも働いている。複雑性の出現を探究したシュレーディンガーとその支持者たちは、生命だけがもつ特徴を見つけられなかった。

ここまで読んで、何か絶望的な気持ちになっただろうか？　何でもいいから、生命と非生命を分ける何かを見つけようとして、むなしい気持ちになったって？　それはあなただけではない。私もそうだし、ほかにもたくさんの人が同じ思いをしている。

生命を定義して非生命と絶対的に区別するうえでの問題は、生命は単にどこかに存在して、私たちが認識するのをじっと待っているわけではないことだ。わかっている限り、指をさして「ほら、それが生命だ」と言える物理的な特徴はない。むしろ、生命は私たちが直感的に理解する物体の性質であり、その性質を見いだす物体は人によって異なる。人間はこの用語を利便性のために考案したのだが、その明確な定義はこれまで定められてこなかった。そのため「生命」という言葉は、もっと定義しやすい言葉とは毛色が違う。たとえば、金（ゴールド）という言葉。それが何かを説明することはできるだろう。すぐに答えられなくても、インターネットを検索すればすぐ、金という物質をはっきりと説明できる情報が得られるはずだ。金の沸点や原子番号、電子構造などもわかる。哲学者は金のように、定義可能で明確に列挙できる物理的な基本性質に根ざした特徴をもつ物体や物質を「自然種」と呼ぶ。生命は自然種ではない。

少なくとも現時点では定義されていないが、やがて生命も金と同じように定義できると考える人もいる。結局のところ、金も昔からずっと自然種として扱われてきたわけではなかった（それは尋ねる哲学者によっても異なるのだが、まずは話を続けよう）。金とは何かとアリストテレスに尋ねたとしたら、質料と形相について何やらつぶやいただろうし、もしかしたら魂と火についても何かしら言い添えたかもしれない。あなたはアテネの日差しを浴びながら座り、アリストテレスに助言を求める前と変わらず混乱したままの気持ちを抱えることになる。しかし、時代は変わった。やがて化学者は金について研究を重ね、この物質がどのようにできているかを解明した。今ではこの苦労して得た知識を活用して、金の性質を詳しく述べることができる。これと同じことを生命に対してもできるだろうか？　生物学と物理学が十分に進歩すれば、いつか生命とは何かをはっきり定義できるかもしれない。例外が入る隙間もなく、反論する余地もないほど完璧に。

しかし、別の可能性もある。私たちは永遠に生命を定義できないという可能性だ。ここで金の定義ではなく、テーブルの定義を尋ねられたとしたらどうだろうか？「物を置くための家具みたいなもの」などという答えが思い浮かぶ。しかし、スツール（肘掛けや背のない腰かけ）の写真を見せられたら何と答える？　見かけは小さなテーブルと言ってもいいようなものだ。当惑して横を見ながら「うーん」と答えるかもしれない。そう、まさしく「うーん」である。その後、テーブルとは何かについて何時間もの議論が続くことになるだろう。そのなかで、スツールとは何か、椅子とは何かという議論も出てくるだろうし、コーヒーテーブルに座ったら椅子になるかどうかという話にもなるだろう。なぜこうした議論は行き詰まるのか？　理由は単純だ。「テーブル」という言葉は、金とは違って何らかの元素や原子構造を示しているわけではなく、何かしら共通の性質を備えた物体を指すために人間が考案した言葉にすぎないからである。そうした物体（テーブル）のほとんどは、キッチンテーブルから宮中晩餐会に使われるテーブルまでさまざまな違いはあれど、はっきりと見分けられる。しかし、境界領域をくまなく探せば、例外はたくさん見つかる。「テーブル」という言葉は便利だが、多くの謎や矛盾をはらむ言葉だということが、驚くほどはっきりわかるだろう。どのように使うかとは別に、物理学的な言葉でテーブルを定義してみるといい。スツールを除外できないだろう。

もしかしたらテーブルと同様に、生命も「非自然種」なのかもしれない。生命の定義は今も昔も不十分ではあるのだが、物質の世界から見ると、生命と非生命のあいだにはたいした違いはない。明確な境界線を探すのではなく、単純な分子からヒトまでゆるやかに変化していくと考えたほうが理解しやすいだろう。物質の複雑性を増していくと、ある時点で生命の何らかの特徴が現れ始める。しかし、生きるためにそれらの特徴すべてを同時に備えている必要はないし、備えている特徴の度合いが異なることもある。家畜のラバは繁殖できなくても、生命のほかの特徴をいくつか備えている。化学的な複雑性という観点で見ると、そもそも生命と非生命の境界線は任意であり、それぞれの人が生命の定義に含めたい要素のリストによって異なる。したがって、私たちの定義はまったく役に立たないわけではないが、役に立たないこともある。生命は成長、繁殖、進化、代謝といった興味深い特徴を備え、複雑性を示す物質を含んでいる。私たちにとってこの物質がとりわけ興味深い。私たちはそうした物質の一員であるし、ほかの物質とは違う独特のものであると主張したいからだ。しかし、生命の境界領域に目を向けると、生命という言葉の定義に応じて、その物質は徐々にほかの物質へと移行していることがわかる。

どうしようもないことではあるが、生命と非生命の境界を推定しようという試みが助長されるのは、意味を明確にしたいとの欲求が私たちにあるだけではない。宗教上および道徳上の議論で人間が特別な地位にあると見なされるからでもある。生命という言葉は非常に興味深い有機物の塊のまわりに人工的な境界を引いているにすぎず、その境界は変わりやすいうえにきわめて曖昧だ。生命は非自然種であるとの考えを受け入れることは、そうした態度がニヒリズム（虚無主義）につながるものと危惧する人びとから強い反発を受けている。私たちの特別な地位が不相応なものであると知りたくないから、生命の境界領域の研究を避けているのだ。このことだけでも、生命の定義を見つけるという古く暖味さから守られた神聖な領域のなかで楽しく暮らしていける。

しかし、生命と非生命の明確な境界線を引くことにこだわり続ける行動から、私たちは何を得られるのか？　人間が複雑な有機化合物でしかない世界を思い浮かべてほしい。その世界では、「生命」は生物の営みを特徴づける一部の化学反応を大まかに切り離す便利な言葉となる。これはそれほど悪いことだろうか？　ニヒリズムに陥る懸念があるとはいえ、誰かの倫理基準を狂わせる理由は思い浮かばない。一つの言葉の定義が、類似の特徴を備えたほかの有機物の塊、便宜上同じ種類に分類される物質の塊に共感する力を損なわせるのだろうか？　生命が非自然種であるとの考えを受け入れることとは共感の範囲を広げるとの主張を、もっともらしく繰り広げることもできる。ひょっとしたら、生命という言葉の境界領域にある有機体も配慮に値するのかもしれない。生命の厳格な定義では、繁殖能力のないラバはテーブルと同じ扱いになりうる。対照的に、人間は単なる化学物質であり、生命とは実用上便利な言葉でしかないとの考えを受け入れれば、謙虚な気持ちになる。生きていると見なされないもの（そして、生きていると見なされるものの大半）に対して、現在の理不尽な態度ではなく、慎重かつ思慮深い態度をとる手段になるかもしれない。

いつか科学的な研究を通して、生命を構成する要素の定義がもっと明確になるのならば、それはそれでよい。そうした変化によって境界は狭まり、はっきりするだろう。しかし、人類の特別な地位を見つけたいという病的な欲求を満たすためにこうした努力を続けるのはなぜなのか？　生命を金のように扱う必要性は見当たらない。

私個人は、生命の明確な定義は見つからないだろうと思っている。生命は金とは違って自然種の仲間にはならない。生命という言葉は会話のときに便利な用語であり続ける。私がこう考えるのは単純に、生命は金のように整然と配置された原子の集まりではないとの現実があるからだ。生命が混沌へと向かう能力、新しい性質を生む能力、限りない複雑性を生み出す能力を備え、原子の配置に応じて異なる挙動を示す膨大な種類の物質をつくることを考えると、生命を明確に定義できる可能性はないのではないかと思うだけでなく、定義できるとの主張をやめたほうが得策だとの気分になる。

生命の定義を曖昧にしておくことで、宇宙に関する知識が増えたときに新たな形態の物質をそこに加える余地が生まれる。ひょっとしたら遠い将来、ほかの惑星で、人類の探検家がまわりの環境との複雑な相互作用を示す物質を見つけるかもしれない。しかも、その物質は周囲の状況を認識していると思われる行動を示すかもしれない。こうした性質は地球上で生命と考えられる物質の範囲に入るだろう。それと同時に、その物質の組成と複雑性は、地球上で考えられる生命の一例に当たるかどうかを明言できないものかもしれない。生命の厳格な定義に頼れば、私たちはその物質を生命の範疇から除外し、乱暴に扱うようになることも考えられる。ひょっとしたら、安全のためにその物質を破壊することまでしてしまうかもしれない。生命の定義を曖昧にしておけば、ほかの結果につながることも考えられる。生命に関する現状の考え方を議論し、修正する気運が生まれるだろう。

生命の定義を追い求める昔からの慣行を捨て去れば、私たちは心を開くだろう。分類学的な明確さを求める科学者の目には、曖昧な定義はだらしなく映る。しかし、曖昧な定義は厳密な定義より正直なアプローチであり、科学的な思考をする者だけでなく、誰もがこのやり方に魅力を感じるはずだ。

自然は私たちが生命と呼ぶものを、非生命と呼ぶものと完全に区別できるようにつくったと考えるべきではない。この過ちを避ければ、私たちはこの宇宙で見つけたものすべてからもっと上手に学べるようになる。そうした物質は私たちの一部であるとともに、私たちのまわりにあるものすべての一部である。

化学と物理学の観点では、地球上の生命には何の例外もない。しかし、生き物がこのアタカマ大型ミリ波サブミリ波干渉計のような電波望遠鏡をつくる惑星は、この銀河でどのぐらいありふれた存在なのか？

カリフォルニア州のマウンテンビューからサニーヴェールまで乗ったタクシーのなかで。

第18章　私たちは例外？

深遠な問いは、ささいな始まりからもたらされることがある。今回はまさにそうした機会だった。私はマウンテンビューのモーテルからタクシーに乗り、二〇分ほど先のサニーヴェールにある金物店に行ってクーラーボックスを受け取りにいくところだった。宇宙実験を終えて回収する予定のサンプルを保管する容器が必要だったからだ。サンプルは国際宇宙ステーションからスペースXの無人宇宙船ドラゴンに乗って地球に帰還し、数日以内にロサンゼルス港に到着する。じつは、クーラーボックスを探して三つ以上の店に行ったものの見つからず、ちょっと必死になっていた。だから、生命の意味のことなど、まったく考えもしていなかった。

タクシードライバーに職業を尋ねられたので、簡単に説明した。彼女は誠実で、とても熱心な人物だ。地球外生命を探す研究をしていると言うと、彼女は好奇心を刺激されたようだ。

「一つ知りたいんですけど」と彼女は言った。その目は緑色をした丸い緑の眼鏡の奥から私を見つめている。「とても知りたいんです。宇宙にほかの生命がいるのか、それとも私たちだけなのか？　深く考えているわけではないですけど、ときどき考えるんです。惑星についてのテレビ番組を見たときにね。宇宙に何かいると思いますか?」

「私たちだけかどうかっていうのは、あなたにとって重要なの?」と私は尋ねた。

「私たちは単に知りたいと思うんです。暮らしに影響するってわけじゃなくても、私たちだけだったらどうします? 宇宙で唯一の存在かもしれないんですよ」

人間の心理の奥深くには、例外的でありたいという、逃れようのない欲望がある。exceptional(例外的な)は英単語のなかで最も曖昧な単語の一つであるに違いない。にもかかわらず、それが自分に当てはまるかどうかを私たちは知りたいと思っている。

「唯一の存在だとしたら、私たちはもっと特別な存在になるかな?」

彼女は少し考えてから続けた。「私が人びとにとって特別かどうかは変わりません。でも、それは大きな問題なんです」

私は黙って窓の外を見つめた。人類が宇宙で例外的な存在なのかどうかは、私たちの希望と不安の核心をつく問いだ。多くの人にとって、平凡であることは人生におけるあらゆる目的を否定することに等しい。私たちが特別な存在でない宇宙では、一部の人びとが考えるように、私たちは単なる動物の地位に成り下がる。だから、タクシーの車内で地球外生命について話したとき、これが私たちにとって何の意味があるのか考え始めたのは意外ではないのかもしれない。この壮大なドラマのなかで私たちに何らかの価値はあるのか、そして、その問いに対する答えは私たちが宇宙で唯一の知的生命かどうかによって異なるのか? もちろん、簡単な答えはない。この問いのなかにはたくさんの問いが含まれている。例外的というのは正確にどういう意味なのか？　例外的なのは何なのか？　個人一人ひとりなのか、ヒトという種なのか、地球という惑星なのか、それとも、まったく違う何かなのか？

私は科学者として、タクシードライバーの問いを純粋に科学的な観点で取り上げる。これはつまり、あなた個人が例外的な存在かどうかという議論をするつもりはないということだ。事実だけに基づいた観点で言うと、答えはわかりきっているから、この問いは面白くない。誰一人として同じ人はいない。だからその単純な観点で、あなたは例外的な存在だ。例外的であることが立派なことかどうかという問いに関しては、ほかの人に判断を委ねたい。

この本全体を通して、私は例外論にまつわる別の問いも取り上げた。それは「地球に生命が存在すること自体は例外か？」という、科学的な研究になじみやすい問いだ。その答えはわからない。私たちを構成している分子は、おそらく原始地球に降り注いだか、地球自体で生成された単純な化合物でできていることはわかっている。しかし、それらの分子すべてが生命の形成に必要なのかどうか、つまり、そうした分子が集まって自己複製する細胞になることは必然だったのかどうかはわからない。地球外生命の探索を通じて、地球のような惑星で生命が出現することは例外なのかよくあることなのかが、ある程度見えてくるかもしれない。地球外生命の探索はまた、細胞が存在していれば知性も出現する可能性が高いのかどうかを知る一助にもなる。仮に、細胞が出現してから知性が出現するまでの時間が膨大で、何十億年かかったとしてもだ。知性はありふれているかもしれないし、希少なものかもしれない。あるいは、人類独特の能力であることもありうる。

例外論的な問いの一つに対しては、しっかりした答えがある。具体的には、地球は独特かどうかという問いだ。私たちの答えは確固たるものであり、質問しようと思う人はほとんどいないほどだが、過去にはそうではない時代もあった。古代ギリシャの人びとのあいだでは意見が分かれていた。地球が例外的であるとの見方もあれば、宇宙には地球に似た天体がほかに存在するとの見方もあった。しかし、中世まで広く認められていたのは、アリストテレスの説だ。アリストテレスは、地球は宇宙の中心にあり、太陽はそのまわりを回っていると考えていた。この説は、地球、そして特に人類を神の計画の中心に据えるその後の一神教にとって魅力的だった。一〇〇〇年以上にわたり、私たちが宇宙で例外的な地位にあるとの考えは疑問の余地なく受け入れられていた。地球の神秘性を取り除くためには、異端と呼ばれたニコラウス・コペルニクスの登場と彼の一五四三年の著作『天球回転論』の出版を待たなければならなかった。

その後、世代を重ねるたびに、地球は例外とされてきた特徴を少しずつ失っていった。コペルニクス以降、地球は太陽にとらわれているように思われてきたものの、太陽系自体は、生命を育む暖かさを与えてくれる神の創造物と見なすこともできた。しかし、宇宙をさらに詳しく調べるにつれ、夜空に散らばる小さな白い点の多くはそれ自体が太陽であることが明らかになってきた。詳しいことまではわからなかったものの、そうした白い点のまわりを地球のようなほかの惑星が回っているかもしれないという現実的な可能性を無視できなくなった。観察の成果が続々と現れるにつれ、そうした太陽自体も何か別のもののまわりを回っていることがわかってきた。星々の大きな群れが、正体不明の何かのまわりで規則的に運動している。その中心はのちに銀河であることがわかった。その後まもなく、銀河には膨大な数の星が含まれ、宇宙自体にそうした銀河がたくさんあることも判明した。何十億もの銀河に何十億もの太陽がある。これはコペルニクス的転回の完結のようにも思えた。宇宙に何兆もの惑星があるのならば、地球が特別だと誰が信じられようか。統計的に見れば、地球型の惑星は珍しい存在かもしれない。しかし、ごく小さな割合であっても全体の数が膨大だから、数が多いことには変わりない。

そして二一世紀に入り、驚くべき取組みが進行中だ。それはほとんど困惑するような結果をもたらしている。過去数十年間で、宇宙には地球に似た惑星が多数あるものの、惑星系は多種多様であることがわかってきた。系外惑星の探索では、太陽系の惑星と同じように形成された惑星系はまだ見つかっていない。今のところ、調査した惑星系はどれも独特で、惑星系自体の間隔や構造のみならず、そのなかに含まれる惑星もそれぞれ違っている。パフィー・プラネット（低密度の惑星）、スーパー・ネプチューン（海王星より重い惑星）、ホット・ジュピター（表面温度が非常に高い巨大惑星）、海の惑星、炭化物からなる岩石惑星。科学論文に書かれた風変わりな記述は枚挙にいとまがない。

地球に似た岩石惑星は、じつに変化に富んでいる。ある惑星は小さな赤色矮星（せきしょくわいせい）の自転周期と同じ周期で公転し、常に一つの面を恒星に向けている。月が常に同じ面を地球に向けているようなものだ。惑星の半分は常に光に照らされ、もう半分は永遠に暗闇に包まれているということだ。このような惑星に生命は存在するだろうか？　それはわからない。太陽系外の岩石惑星のなかには極端な楕円軌道で公転するものもある。一時期は恒星の近くに位置しているが、それ以外の時期は極寒の宇宙空間で長期間過ごすことになり、気候は極端な高温からすべてが凍りつく低温まで激しく変化する。ほかには強烈な放射線を浴びる系外惑星もあるし、回っている恒星の寿命がおそらく短すぎて、知的生命を育めないと思われる系外惑星もある。

水と適切な放射線量と温度を備えた岩石惑星を発見したとしても、その環境は生命を宿す地球とは似ていない可能性もある。地球の生命には地殻を構成するプレートの運動が欠かせない。地殻は絶え間なく地球の深部に沈み込んで融解するサイクルを繰り返すことで、生命に必要な元素を循環させ、生物圏にエネルギーと栄養分を与えている。ほかの惑星でもこれと似たようなプレートのシステムが、一時期だけでも必要かもしれない。惑星の大きさや水の量が適切でないと、プレートが動きを止めて、惑星の表面が火星のように動かない板状の岩盤に覆われるだけになるだろう。あるいは、地殻がいつまでも深い海の底に水没した状態になるかもしれない。生命が存在したとしても、海のなかだけにとどまるだろう。

また、大気についてはどうだろうか？　地球と多くの共通点がある惑星でも、大気がほとんどないか、多すぎることがある。ガスの濃度によって、大気とその下の地表が暑すぎたり寒すぎたりするのだ。その惑星が公転する恒星が太陽とよく似ていて、恒星と軌道の距離が地球とよく似ていたとしても、大気の性質によって地表に届く放射線量が多すぎたり、十分な光が届かなかったりする可能性もある。その場合、生命は出現できないか、出現したとしても進化が起きないだろう。

こうした事実が判明した結果、地球例外論が復活してきた。宇宙には太陽と似た恒星があるということはわかったものの、少なくとも私たちが検出可能な場所では、地球で生命を生んだ条件を備えたほかの惑星はいまだに見つかっていない。アリストテレスが主張する例外論に対抗しようと調べたのに、結局わかったのは地球が例外であるということだった。これは何という皮肉だろうか。物理的な条件の独特な連鎖が、生命を宿す唯一の道となった。一方で、惑星が生命を宿さない条件はいくつもある。

基本的に私たちが答えを探し求めている問いはこれだ。生命に至る道はいくつあるのか、そして生命を宿してから知性に至る道はいくつあるのか？　生命を宿す惑星の種類はいくつあるのか？　生命が出現して進化が起きる惑星の条件の幅はあまりにも狭く、惑星形成の自然な変動が必ずと言っていいほど妨げとなって、生命と進化が見られる惑星は地球と似たものだけになるのか？　それとも、そうした条件の幅は広く、多様な惑星が多様な生物圏を宿せるのか？　今のところ、私たちは地球と似た惑星を探している。それはよく理解できるのだが、地球とはまったく異なる惑星で地球外生命が発見される可能性もなくはない。言い換えれば、私たちは生命を宿す条件の幅が狭いと考えている。それもまた理解できる。地球に似た惑星を探せば、探索自体はやりやすくなる。しかし、それが成功するとは限らない。

もちろん、こうした探索をしても、宗教が提供してきたような答えに近づくことはない。地球が独特な惑星であることが判明しても、あるいは生命が地球に似た惑星にしか存在しないことがわかっても、創造主である神の存在を証明することにはならないのだ。しかし、ひょっとしたら天文学と宗教が、地球がまさに宇宙で特別な地位にある、つまり生命が存在して進化する唯一の場所、あるいは数少ない場所の一つであるとの見解で一致するかもしれない。この意味で私たちは、コペルニクス的転回は完結には程遠いことを系外惑星から学んでいる。五〇〇年たってもまだ、私たちは地球が珍しい存在で、独特の存在でさえあるかどうかという問いに答えを見いだせないでいる。当時と違うのは、現代的な望遠鏡を使えば、真実が何かを実際に見つけ出せる可能性があることだ。地球が例外的な存在かどうかという問いに答えを出すために、私たちは信仰に頼る必要はない。いつの日か証拠を見つけられるだろう。

　私たちの存在について、確信をもって例外でないと言える側面が一つある。生命が存在する場所では、生命はほかのすべての物質とともに物理法則に従っているということだ。一見、この側面はささいなことのように思えるかもしれない。わかりきったことではあるが、物理学は宇宙に存在する物質とエネルギーのしくみを記述している。現在の物理学の知識にはない物質や挙動を発見した場合、それは物理学を「越えた」発見ということにはならない。この新たな発見を説明できるように物理学の知識を修正しなければならないということだ。生命が物理法則に従っているというこの見方で重要なのは、生命の構造と挙動は特別なものではないということである。生命の出現は非常に珍しいことなのかもしれないし、地球だけの現象であるとさえ思えるかもしれないが、生命のしくみ自体はそれほど珍しくはなく、びっくりするようなものではない。

　生命の進化が生んだ多種多様な空飛ぶ生き物を考えてみよう。キューバだけに棲むハチドリの仲間マメハチドリは、全長が五～六センチで、体重が二グラムもなく、現在の地球上で最も小さな鳥だ。一方、絶滅した翼竜（よくりゅう）であるケツァルコアトルスは、両翼（りょうよく）を広げた幅が一一メートルで、セスナ機と同じぐらいある巨大動物である。しかし、マメハチドリも、それとはかなり違うワシやアホウドリはもちろん、ケツァルコアトルスもすべて、同じように空を飛ぶことができる。その体は空気力学の法則に従い、生み出すことができる揚力の大きさは翼の表面積と移動速度によって決まる。飛翔動物はこうした法則に従うしかない。従わなければ飛翔動物ではなくなってしまう。飛翔動物の形態が似ているのは、空気力学の法則がどこでも同じだからだ。体の形は気まぐれや偶然の産物ではない。

今度、渓流や川で河床の石と石のあいだを泳いでいる魚を見かけたら、体の形に注目してみてほしい。動きがすばしっこい魚だったら、どこかにいる天敵から逃げているのかもしれない。その体は細長い流線形で、両端にかけてだんだん細くなっている。水中をすばやく泳ぐには、この形が最もよいのだ。イルカの体も同じ形をしている。体が細長いのは天敵から逃げるためではないかもしれないが、ほかのすばしっこい魚を捕まえるときには流線形の体が役に立つのだろう。ある意味、イルカと魚の体の形がある程度似ているというのは驚きだ。イルカは哺乳類で、魚は、まあ魚類だから。かなり違う二つの生き物が同じ見かけをしているのはなぜなのか？　ちなみに、一億年以上前の中生代の海を泳いでいた絶滅爬虫類の魚竜も流線形の体をしていて、現代の魚にちょっと似ている。これで、基本的な体つきが同じ生物の種類は三つになった。

ここまで説明したら理由がわかったに違いない。物理法則が働いているということだ。海のような液体のなかをすばやく移動したかったら、さいころ形の平板な体より流線形の体がよいということである。進化生物学者がすでに述べているように、いつか遠い宇宙の海ですばしっこく泳ぐ地球外魚類を見つけたとしたら、その体も流線形であるだろう。宇宙全体で働いている物理法則は同じだ。物理法則は細胞に含まれる分子の原子構造から生物の一グループ全体の行動まで、生命のあらゆる側面を支配している。

かつてこうしたしくみは謎めいていたため、そこに神などの上位の知的存在が入り込む余地ができた。その手が動物の機能をつかさどっているに違いない、というわけだ。生命を導く法則がよくわからない状況では、どこかで糸を操る存在がいると考えるのも無理はない。しかし今では、生命の形態や行動を説明するのはそれほど難しくないことが以前よりかなり明確になってきた。たとえば、生物の大きな集団がリーダーなしで一つのまとまりとして動くしくみを物理学で説明することができる。アリの巣は地下に入り組んだトンネルや通路が張りめぐらされ、サッカー場ほどの広さになることもある。そうした巣の大きさや形、規模から、巣づくりをつかさどるリーダーがいるとも思われた。女王アリがこの広大な巣を設計し、一つひとつのやり方を逐一働きアリに伝え、それぞれのアリにごく一部の仕事をやらせているというわけだ。しかし、実際のところ女王は建築家ではなく、設計図を見て巣づくりを監督しているわけではない。それぞれのアリが互いに反応し合っているだけだ。存在するアリの数が少ないほど仕事は速くなり、数が多くなりすぎると仕事は遅くなる。誰かがすべきことを指示する必要はない。単純なフィードバックループと、フェロモンという化学物質を用いた単純な情報の交換手段さえあれば、アリは都市のような巣を築くことができる。

これは生命に物理法則が働いている例だ。鳥の群れからヌーの大群まで、同じ法則が働いていることがわかっている。恐ろしい力をもつ者の意思で動いているわけではない。説明できないものはない。エラン・ヴィタール（生命の飛躍）など存在しないのだ。人類を含め、地球や宇宙のほかの場所に存在するすべての生命は、物理法則が有機物の形で現れたものである。数式が生物に形を与えた。

だから、人類は地球上でさえ例外ではないが、地球上の生命は宇宙で例外である可能性は十分ある。生命の出現と、生命が歩む多くの道は宇宙の物理法則に必ず従っているものの、生命自体は珍しい存在である可能性があるのだ。生命は宇宙にある物質であり、宇宙に存在するほかのすべての物質と同じ制限を受ける（少なくともすべての「通常」の物質という意味であり、第12章で言及したダークマターはまったく異なる可能性はあるのだが、ほかの不可避の物理法則には従うだろう）。しかし、生命はきわめて希少な種類の物質である可能性はある。ありふれた原料からつくられた上質なチーズのように、完成品自体は希少かもしれない。平凡なものに一風変わった工夫をこらしたのだ。

以上のことから、タクシードライバーへの回答として、私はこう言わなければならない。「質問内容によって異なる」と。地球上の生命が例外かどうか、および人類が例外中の例外なのかどうかという問いに対する答えは、質問の正確な内容によって異なる。これは単なる日和見主義とは違う。私たちの存在にはありふれた側面もある、つまり必然的な物理法則の産物にすぎないものもあるが、その平凡さのなかから独特な側面が生まれる可能性もあるのだ。

もう一つの回答として、個人レベルでは人類が例外かどうか、あるいは地球上の生命が例外かどうかはそれほど重要でないというものもある。この答えが私たちの生活を変えることはないはずだ。これまでの研究で、原子レベルでは人類とほかの生物を区別できるものはないし、宇宙を漂う岩石でさえ人類とは区別できないことが明らかになった。この明白な事実は私たちの価値にほとんど影響を及ぼしてこなかった。ひょっとしたら、もっと大きな影響を及ぼすべきだったのかもしれないが、現実的には及ぼしていない。また、私たちは人間の体が中央の回転軸を挟んで大まかに対照的であり、目が運動する方向を向いているという点でほかの多数の生物と似ているという現実にこだわってもいない。これもまた、物理法則が進化を導いた結果にすぎない。

今のところ日常生活では、あなたの例外性は他者と比べたときのあなたの行動や、あなたの社会に対する貢献によって決まる。それは自分でコントロールできるものだ。この努力の裏には個人の目的を追い求めたいという欲求がある。ほとんどの人にとっては、私たちが宇宙で唯一の存在なのかどうかは関係ない。生命がこの宇宙で珍しい存在なのかどうかは、いずれ科学的方法で明らかにされるものだ。あなた個人が人類の仲間に役立つ存在になれるかどうかは、あなたが決めることである。

宇宙における生命の性質を発見する探究を深めていくなかで、私たちは私たち自身について多くを学ぶだけでなく、私たちが地球と呼ぶ生命のオアシスを保護することから、遠くの惑星に社会を築くこと、そして地球外生命を見つけることといった大きな挑戦と向き合うことにもなる。しかし、こうした科学技術分野の取組みを通じて、私たちは自分自身に対する究極の目的を明らかにできると期待すべきではない。宇宙の生命を理解するための探究は、それ自体が目的だ。その目的から、私たちの自己認識と理解に彩りと豊かさを加える、想像もしなかった発見が得られるだろう。ひょっとしたらその発見は私たち個人にとっての人生の意味を変化させ、私たちの文明がたどる道を思いもよらない方向に変えるかもしれない。

謝辞

宇宙における生命の性質をめぐる議論に夢中にさせてくれた、すべてのタクシードライバーに感謝したい。誠に勝手ながら、タクシーでの会話は簡潔かつわかりやすくするために要約したのだが、会話の中身や要点は維持している。ハーバード大学出版会のチームにも感謝。とりわけジャニス・オーデットとエメラルド・ジェンセン＝ロバートには助言と指導をいただいたのに加え、サイモン・ワックスマンからのアイデアや助言のおかげで原稿が大幅によくなった。この著作の代理人を務めてくれたグリーン＆ヒートンのアントニー・トッピングにも感謝したい。最後に、長年にわたって宇宙の生命に関する私の興味や思考の構築を助けてくれた同僚たちにも礼を言いたい。ありがとう。

訳者あとがき

仕事や観光でどこか見知らぬ駅に降り立ち、タクシーをつかまえたとしよう。行き先を告げたあと、どんな会話をするだろうか？

訳者の場合、ドライバーが気さくな感じの方なら、まずは天気や街の印象について話すだろうなと思う。そこから会話が弾んでいけば、おすすめの飲食店を尋ねたり、隠れた観光名所を教えてもらったりするかもしれない。でも、自分の職業について話すことはまずないだろう。見かけは地味な中年男性だし、行き先もホテルや観光地といったよくある場所だから、ドライバーはプライベートに踏み込む質問を敢えてしたいとも思わないのかもしれない。

しかし、本書の著者であるチャールズ・S・コケルは違う。何しろ乗車地や行く先がイギリスの首相官邸とか、NASAのゴダード宇宙飛行センターとか、鉱山とか、刑務所とか、ふつうの人がめったに行かないような場所だ。ドライバーが興味をもつのは当然である。「どんなお仕事で？」と聞かずにはいられない。宇宙生物学者だとわかれば、どのような研究をしているのか聞いてみたくなる。だから、話題は自然と宇宙や地球外生命に移っていく。そんな会話のなかから、科学者の思考を刺激する問いが次々に生まれてくる。

　コケルが本書の着想を得たのも、タクシーの車内だった。ドライバーから「宇宙にタクシードライバーはいるのかな?」という質問を受けたのがきっかけだ。訳者がこの質問をされたとしたら、話は表面的なものにとどまってあまり発展しないかもしれない。しかし、専門家であるコケルはこの質問に深遠な問いを見いだした。「一見単純な質問には見かけよりはるかに興味深い問いが隠れていることが多く、なかにはまったく答えられない問いもある」と序文にあるとおり、この質問に答えるためには、宇宙の誕生、惑星における生命の出現、知的生命への進化、経済とタクシーの発明について考えなければならない。まさに、「知識に邪魔されないドライバーの思考が、地球外生命が存在する可能性と人間社会の本質に関する考えというパンドラの箱を開けた」のだ。

　宇宙の誕生からタクシードライバーの出現にいたる長大な道のりを考えていくと、奇跡のような出来事がいくつも起きてきたことがわかってくる。詳しくは第1章「宇宙人のタクシードライバーはいる?」を読んでほしいのだが、その話を聞かされたタクシードライバーは途中で頭をかき、窓を開けて新鮮な空気を車内に取り込んで、いったん頭のなかを整理しなければならなかった。そして、「ここにたどり着くまでにすごい数の出来事が起きたってことだね?」という感想をもらし、目的地に着いた頃には自分自身がいかに特別で稀な存在なのかに気づいたようだ。「背筋を伸ばし、誇らしげに見えた」という。まさか、自分が発した小さな問いがこんな壮大な話に発展するとは思わなかっただろう。

　この出来事を経験してから、コケルは「タクシーで移動している時間を、宇宙における生命について尋ね、話し、考える機会として利用することにした」という。

本書には、タクシードライバーとの会話に着想を得た一八の知的問答が収録されている。話題は第1章のような地球外生命のほか、「火星は第二の地球になる？」や「宇宙を探査する前に地球の問題を解決すべき？」、「生命とは何を意味する？」など、火星移住から宇宙探査、生命の本質に迫る深遠な難問までさまざまだ。こうした問答には、コケル独特のユーモアが盛り込まれている。ときには独特すぎて、一読しただけではわからないユーモアもあるかもしれないが、それは知的問答にいっそう深い味わいを加える隠し味のようなものだと考えて楽しんでほしい。

独自の視点で地球外生命や宇宙の面白さを伝えてくれる著者、チャールズ・S・コケルとはどういう人物なのか。コケルはスコットランドのエディンバラ大学で宇宙生物学の教授を務め、極限環境の生物や、地球外生命が存在する可能性、宇宙探査や宇宙入植に関心をもって研究生活を送っている。オックスフォード大学で分子生物物理学の博士号を取得したあと、NASAのエイムズ研究センターで研究対象を微生物へと移し、英国南極調査所に微生物学者として赴任した。そこで多様な関心をもった科学者たちに混じって研究するなかで、生態学や進化の視点をもつようになったという。南極のアデレード島では、さまざまな鳥の類似性を形成する原理について考え始めた。その後、イギリスのオープン大学に移ると、この南極での思考を発展させ、惑星の条件によって生命がどのように進化していくかに関心をもつようになる。そしてエディンバラ大学に移ったあとの二〇一八年、進化と物理法則の統合に取り組んだ著書『生命進化の物理法則』（河出書房新社）を上梓した。

この前著でも本書『タクシードライバーとの宇宙談義』でもそうなのだが、コケルはさまざまな可能性を考慮しながら議論を展開していく。これはまさに、自分の立てた仮説を客観的に検証する「科学的方法」にもとづいた議論の進め方だ。このように科学的方法を厳格に守る姿勢からは実直な科学者の姿が目に浮かぶのだが、コケルはじつは優れた教育者でもあり、異星人のコスプレ姿で生命のエネルギー源について真剣に講義するという茶目っ気たっぷりな一面ももっている。そのエピソードは『生命進化の物理法則』に収録されているので、興味があれば参照してみてほしい。

異星人のコスプレをした講義といい、「火星をめざす党」を設立して選挙に立候補したエピソード（本書第5章）といい、一見冗談とも思えることに真剣に取り組むコケル。実直な一面と独特のユーモアをあわせもつ著者が書いた、宇宙と生命をめぐる唯一無二のエッセイを楽しんでもらえたら嬉しい。

最後になりましたが、編集の労をとってくださいました化学同人の津留貴彰さんに御礼申し上げます。

二〇二四年夏

藤原多伽夫

画像クレジット

第1章：Miguel Discart/Wikimedia Commons/CC BY-SA 2.0
第2章：Wikimedia Commons
第3章：Acme News Photos/Wikimedia Commons
第4章：NASA/Tracy Caldwell Dyson
第5章：NASA/SpaceX
第6章：Marilynn Flynn
第7章：ESA & MPS for OSIRIS Team MPS/UPD/LAM/IAA/RSSD/INTA/UPM/DASP/IDA, CC BY-SA 3/0 IGO
第8章：The National Archives UK/Wikimedia Commons
第9章：Robek/Wikimedia Commons/CC BY-SA 3.0
第10章：BabelStone/Wikimedia Commons/CC BY-SA 3.0
第11章：NASA; ESA; G. Illingworth, D. Magee, and P. Oesch, University of California, Santa Cruz; R. Bouwens, Leiden University; and the HUDF09 Team
第12章：NASA/JP-Caltech/MSSS
第13章：NASA, Design Gary Kitmacher, Architect/Engineer John Ciccora/Wikimedia Commons
第14章：gailhampshire/Wikimedia Commons
第15章：MARUM-Zentrum für Marine Umweltwissenschaften, Universität Bremen/CC BY 4.0
第16章：Fir0002/Wikimedia Commons
第17章：NIAID-RML/Wikimedia Commons/CC BY 2.0
第18章：ESO/B. Tafreshi/CC BY-SA 4.0

進化の必然性，および生物の大部分は特別でない可能性（進化の結果はたいてい構造的な要因によって決まっている可能性）を概説している．

Aleksandr Solzhenitsyn, *The Gulag Archipelago* (1973)〔ソルジェニーツィン，『収容所群島　1918-1956 文学的考察（全6巻）』，新潮社（1974〜1977)〕

物理学に従えば，私たちすべては例外的でない．しかし，ここから虚無主義的な教えを得るとしたら，結果はひどいものになるだろう．ソルジェニーツィンは人道的な価値の必要性を認め，最も奥深い道徳思想家の一人であり続けている．

的知見を論じている.

Nick Lane, *Oxygen: The Molecule that Made the World* (2002)〔ニック・レーン,『生と死の自然史　進化を統べる酸素』, 西田　睦 監訳, 遠藤圭子 訳, 東海大学出版会 (2006)〕

これも, 酸素の歴史と生命との関係についてわかりやすく書かれた一冊.

第 17 章　生命とは何を意味する？

Mark A. Bedau and Carol E. Cleland, *The Nature of Life: Classical and Contemporary Perspectives from Philosophy and Science* (2010)

生命の構成要素に関する科学的・哲学的な見解を, さまざまな時代と分野から収集した教科書.

Paul Nurse, *What Is Life?: Understand Biology in Five Steps* (2020)〔ポール・ナース,『WHAT IS LIFE?　生命とは何か』, 竹内　薫 訳, ダイヤモンド社 (2021)〕

ノーベル賞受賞者が生命の性質, 基本的な機構, 分子スケールでの生物の機能に対する私たちの見解について書いた非常に読みやすい一冊.

Erwin Schrödinger, *What Is Life?* (1944)〔シュレーディンガー,『生命とは何か　物理的にみた生細胞』, 岡　小天, 鎮目恭夫 訳, 岩波書店 (2008)〕

シュレーディンガーが生命の性質について熟考した一冊. DNA が発見される以前に遺伝物質の存在を予見させる考えを披露した.

第 18 章　私たちは例外？

Sean Carroll, *The Big Picture: On the Origins of Life, Meaning, and the Universe Itself* (2016)〔ショーン・キャロル,『この宇宙の片隅に　宇宙の始まりから生命の意味を考える 50 章』, 松浦俊輔 訳, 青土社 (2017)〕

素粒子スケールから宇宙論まで, 宇宙に関する既存の知識を包括的に収録している.

Charles S. Cockell, *The Equations of Life: How Physics Shapes Evolution* (2018)〔チャールズ・S・コケル,『生命進化の物理法則』, 藤原多伽夫 訳, 河出書房新社 (2019)〕

すべての読者に向けて私が書いた一冊. 原子から生物の集団まで, あらゆるレベルで生命を形づくる物理法則について現在わかっていることと, 現在進行中の研究を考察している.

Viktor E. Frankl, *Man's Search for Meaning* (1946)〔V・E・フランクル,『意味による癒し　ロゴセラピー入門』, 山田邦男 監訳, 春秋社 (2004)〕

心理学者として教育を受けた知識と経験を生かし, フランクルはナチスの強制収容所という考えられる限り最悪の状況で有意義な人生を追い求める行為を研究した. 彼はアウシュヴィッツとダッハウの強制収容所から生還した一人であり, 本書は刊行から 75 年以上たった今も絶大な影響力を維持している.

Jonathan B. Losos, *Improbable Destinies: Fate, Chance, and the Future of Evolution* (2017)〔ジョナサン・B・ロソス,『生命の歴史は繰り返すのか？　進化の偶然と必然のナゾに実験で挑む』, 的場知之 訳, 化学同人 (2019)〕

るが，異星での暮らしに憧れる何百万もの人びとが住むことはないと論じている．
Robert M. Haberle, et al., *The Climate and Atmosphere of Mars* (2017)
火星の大気の状態を概説した教科書で，入植に伴う困難を考察するうえで役立つ．

第 13 章　地球外の社会は独裁制？　それとも自由？

Daniel Deudney, *Dark Skies: Space Expansionism, Planetary Geopolitics, and the Ends of Humanity* (2020)
宇宙探査と宇宙植民への熱狂に対する楽観的な見方に釘を刺す一冊．
Everett C. Dolman, *Astropolitik: Classical Geopolitics in the Space Age* (2001)
宇宙における地政学論．安全保障戦略の未来には宇宙地理学（宇宙での位置や距離）が欠かせないと論じる．

第 14 章　微生物は保護に値する？

Robin Attfield, *Environmental Ethics: A Very Short Introduction* (2018)
環境倫理学の主要な概念のいくつかに関する入門書．
Charles S. Cockell, "Environmental Ethics and Size," *Ethics and the Environment* (2008)
学術誌に発表したこの論文で，私は環境倫理学における微生物の地位についての考えを述べ，人間が保護の対象を決めるうえで生物の大きさがどれくらい影響しているかを考察している．
Joseph R. DesJardins, *Environmental Ethics: An Introduction to Environmental Philosophy* (1992) (fifth edition, 2012)〔ジョゼフ・R・デ・ジャルダン，『環境倫理学 環境哲学入門』，新田　功，生方　卓，藏本　忍，大森正之 訳，出版研（2005）〕
これも，環境倫理学という重要な分野について詳しく知りたい読者のとっかかりになる一冊．

第 15 章　生命はどのように始まった？

David W. Deamer, *Origin of Life: What Everyone Needs to Know* (2020)
タイトルが示すように，生命の起源について一般読者向けに論じている．
Robert M. Hazen, *Genesis: The Scientific Quest for Life's Origins* (2005)
一部の研究分野は刊行当時より進んでいるものの，ヘイゼンの本は生命の始まりに関する学説と，重要な実験，学説を裏づける観察結果についてわかりやすく論じている．
Eric Smith and Harold J. Morowitz, *The Origin and Nature of Life on Earth: The Emergence of the Fourth Geosphere* (2016)
地球と生命の共進化という重要な研究分野に着目した学術書．

第 16 章　なぜ呼吸するのに酸素が必要？

Donald E. Canfield, *Oxygen: A Four Billion Year History* (2013)
地球上での酸素の歴史を調べ，生物にとっての酸素の重要性に関する数十年分の科学

Lisa Randall, *Dark Matter and the Dinosaurs: The Astounding Interconnectedness of the Universe* (2015)〔リサ・ランドール,『ダークマターと恐竜絶滅　新理論で宇宙の謎に迫る』, 向山信治 監訳, 塩原通緒 訳, NHK出版 (2016)〕

物質と宇宙の性質についての一般向けの一冊. 読むと引き込まれる.

第9章　私たちは宇宙人の動物園の展示物なのか？

Stephen Webb, *If the Universe Is Teeming with Aliens ... Where Is Everybody? Seventy-Five Solutions to the Fermi Paradox and the Problem of Extraterrestrial Life* (2015)〔スティーヴン・ウェッブ,『広い宇宙に地球人しか見当たらない75の理由』, 松浦俊輔 訳, 青土社 (2018)〕

いわゆるフェルミのパラドックスに対する堅実な反応.

Paul Davies, *The Eerie Silence: Searching for Ourselves in the Universe* (2010)

宇宙での地球外生命の探索とその意味を論じた一般向けの一冊.

第10章　宇宙人の言葉を理解できる？

Barry Gower, *Scientific Method: A Historical and Philosophical Introduction* (1996)

科学的方法の歴史と発展を学術的に語った良書.

Thomas S. Kuhn, *The Structure of Scientific Revolutions* (1962)〔トマス・S・クーン,『科学革命の構造　新版』, 青木　薫 訳, みすず書房 (2023) など〕

科学に変化が起きるしくみを哲学的に論じた名著. クーンの主張は変化を起こす力があり, 今でも論じられている.

Karl Popper, *Conjectures and Refutations: The Growth of Scientific Knowledge* (1962)〔カール・R・ポパー,『推測と反駁　科学的知識の発展』, 藤本隆志, 石垣壽郎, 森博 訳, 法政大学出版局 (2009)〕

20世紀最高の科学哲学者の一人である著者が, 科学的方法と科学知識を本格的に論じた一冊.

第11章　宇宙人が存在しないとは言いきれる？

Peter D. Ward and Donald Brownlee, *Rare Earth: Why Complex Life Is Uncommon in the Universe* (1999)

地球のさまざまな特徴について論じた一般書. この本を読むと, 複雑な生命, さらに知的生命は宇宙で希少な存在であると思うかもしれない.

Duncan Forgan, *Solving Fermi's Paradox* (2018)

これまで私たちが知的な地球外生命を観察できなかったことに対する詳しい説明.

第12章　火星は住むにはひどい場所？

Charles S. Cockell, "Mars Is an Awful Place to Live," *Interdisciplinary Science Reviews* (2002)

私はこの論文で, 火星はやがて科学者や探検家, 事業を行なう人びとが住む場所にな民間の宇宙探査が実現しつつある時代に宇宙旅行のパラダイムの変化に目を向けた，価値ある一冊．

Robert Zubrin and Richard Wagner, *The Case for Mars: The Plan to Settle the Red Planet and Why We Must* (1996)〔ロバート・ズブリン，『マーズ・ダイレクト NASA 火星移住計画』，小菅正夫 訳，徳間書店（1997）〕

火星の探査と入植について書かれた一般向けの名著．

第 6 章　この先も探検の黄金時代はやって来る？

Buzz Aldrin and Ken Abraham, *Magnificent Desolation: The Long Journey Home from the Moon* (2009)

月面歩行をしたバズ・オルドリンが自身の経験を語った一冊で，探査の幅広い魅力を伝える．

Charles S. Cockell, "The Unsupported Transpolar Assault on the Martian Geographic North Pole," *Journal of the British Interplanetary Society* (2005)

火星の極冠の端から北極点をめざす探検を想像して描いた私の論文．探検隊が通りそうなルート，直面すると予想される困難，準備の方法を解説している．

Leonard David, *Mars: Our Future on the Red Planet* (2016)〔レオナード・デイヴィッド，『マーズ　火星移住計画』，関谷冬華 訳，日経ナショナルジオグラフィック社(2016)〕

火星探査の長期計画を論じた手に取りやすい一冊．

第 7 章　火星は第二の地球になる？

Mike Berners-Lee, *There Is No Planet B: A Handbook for the Make or Break Years* (2019)〔マイク・バーナーズ-リー，『みんなで考える地球環境Q & A 145　地球に代わる惑星はない』，藤倉　良 訳，丸善（2022)〕

バーナーズ-リーは宇宙探査を拒否することなく，人類に最適な惑星である地球で私たちが直面する主な環境問題と向き合う．

Stephen Petranek, *How We'll Live on Mars* (2015)〔スティーブン・ペトラネック，『火星で生きる』，石塚政行 訳，朝日出版社（2018)〕

火星に住む際に突き当たるいくつかの問題について書かれた，短くて読みやすい一冊．

Christopher Wanjek, *Spacefarers: How Humans Will Settle the Moon, Mars, and Beyond* (2020)

宇宙入植の長期計画とそれを達成する道筋についての情報が詰まった好著．

第 8 章　幽霊はいる？

Jack Challoner, *The Atom: A Visual Tour* (2018)〔ジャック・チャロナー，『ATOM 世界で一番美しい原子事典』，川村康文 監修，二階堂行彦 訳，SB クリエイティブ(2022)〕

原子の構造とその発見の歴史を美しいイラストで解説する事典．

地球外生命に関する思索の歴史について書かれた学術書．優れた文献．

Steven J. Dick, *The Biological Universe: The Twentieth-Century Extraterrestrial Life Debate and the Limits of Science*（1996）

地球外生命に関する長年の議論と，その議論が示す世界観を多岐にわたって詳述した大著．

Bernard Le Bovier de Fontenelle, *Conversations on the Plurality of Worlds*（1686）〔ベルナール・ル・ボヴィエ・ド・フォントネル，『世界の複数性についての対話』，赤木昭三 訳，工作舎（1992）〕

第2章で取り上げたこの古い本は読んでいて楽しい．現代の版はオンラインでも印刷物の形でも入手できる．

第3章　火星人が攻めてくるか心配すべき？

Albert A. Harrison, "Fear, Pandemonium, Equanimity, and Delight：Human Responses to Extra-Terrestrial Life," *Philosophical Transactions of the Royal Society A*（2011）

地球外の知的生命との接触に対して人類がとるさまざまな対応を取り扱った学術論文．

Michael Michaud, *Contact with Alien Civilizations: Our Hopes and Fears About Encountering Extraterrestrials*（2006）

地球外生命との接触がもたらすと考えられるよい影響と悪い影響，そして接触をめざす取組みについて詳述した，示唆に富む一冊．

第4章　宇宙を探査する前に地球の問題を解決すべき？

R. Buckminster Fuller, *Operating Manual for Spaceship Earth*（1969）〔バックミンスター・フラー，『宇宙船地球号操縦マニュアル』，芹沢高志 訳，筑摩書房（2000）〕

バックミンスター・フラーがその独特の文体で，人類と地球の資源との発展しつつある関係と，持続可能な未来に向けた可能性を語る．

Charles S. Cockell, *Space on Earth: Saving Our World by Seeking Others*（2006）

環境保護と宇宙探査は宇宙に持続可能なコミュニティをつくるという点で同じ目標を追い求めていると考えるべきだということを，一般向けに私が書いた一冊．

Douglas Palmer, *The Complete Earth: A Satellite Portrait of the Planet*（2006）

収録された美しい画像を見れば，生命を宿す地球の壮大さを理解するうえで人工衛星がどんな役割を果たしているかがわかる．

第5章　火星に旅行できるようになる？

Rod Pyle, *Space 2.0: How Private Spaceflight, a Resurgent NASA, and International Partners Are Creating a New Space*（2019）

パイルは宇宙空間を利用しやすくするために民間と政府の取組みを加速させるべきだと訴える．

Wendy N. Whitman Cobb, *Privatizing Peace: How Commerce Can Reduce Conflict in Space*（2020）

参考文献

本書に収録したエッセイはどれも，そのテーマについて網羅的に議論するためのものではない．そのために書いたとしたら，この本は20倍ぐらい長くなるだろう．本書はそうではなく，ほかの人がすでに関心をもって記した重要かつ刺激的なアイデアを読者に紹介したいと思って書いた．もっと知りたいと思った読者はここに紹介する文献に当たってほしい．章ごとにまとめてある．ここで紹介した文献は一般向けから専門家向けまでさまざまで，学術論文もいくつか入っている．なかには古い文献もある．新しい文献が必ずしも最良のものであるとは限らないからだ．インターネットがない時代にも文明が存在したことを思い出してほしい．宇宙の生命を理解しようとする探究には，注目すべき歴史的価値があるのだ．私の著作も，章の要点となっているところには含めてある．

第1章　宇宙人のタクシードライバーはいる？

Simon Conway-Morris, *Life's Solution: Inevitable Humans in a Lonely Universe* (2003)〔サイモン・コンウェイ＝モリス，『進化の運命　孤独な宇宙の必然としての人間』，遠藤一佳，更科　功 訳，講談社（2010)〕

収斂進化（生存上の困難に直面したときに異なる生命体が同じ解決策に行き着く傾向）という現象を探究した一冊で，こうした進化が地球だけでなく，ほかの惑星でも起きる可能性を示唆している．内容が濃く難解だが，重要な本．

Nick Lane, *Life Ascending: The Ten Great Inventions of Evolution* (2009)〔ニック・レーン，『生命の跳躍　進化の10大発明』，斉藤隆央 訳，みすず書房（2010)〕

わかりやすい文章で，すべての読者におすすめ．進化の過程で見いだされた重要な発明について書かれている．

John Maynard Smith and Eörs Szathmáry, *The Major Transitions in Evolution* (1995)〔J・メイナード・スミス，E・サトマーリ，『進化する階層　生命の発生から言語の誕生まで』，長野　敬 訳，シュプリンガー・フェアラーク東京（1997)〕

遺伝情報の伝達における変異から言語の出現まで，地球上の生命の歴史で重要な発展について厳密に書かれた一冊．

第2章　宇宙人との接触で生活は一変する？

Michael J. Crowe, *The Extraterrestrial Life Debate 1750-1900: The Idea of a Plurality of Worlds from Kant to Lowell* (1986)〔マイケル・J・クロウ，『地球外生命論争1750-1900　カントからロウエルまでの世界の複数性をめぐる思想大全』，鼓　澄治，山本啓二，吉田　修 訳，工作舎（2001)〕

■や行

■ら行

■わ行

索　引

■ま行

■な行

■は行

■た行

■さ行

索　引

索　引

【著者】
チャールズ・S・コケル（Charles S. Cockell）
エディンバラ大学宇宙生物学教授、元NASA・英国南極調査所の科学者。エディンバラ王立協会およびエクスプローラーズ・クラブ（本部ニューヨーク）のフェローであり、NASA生物工学宇宙利用センターの顧問、刑務所におけるライフ・ビヨンド・プロジェクトを主導している。著書に『生命進化の物理法則』（河出書房新社）などがある。

【訳者】
藤原多伽夫（ふじわら・たかお）
1971年、三重県生まれ。静岡大学理学部卒業。翻訳家。訳書に、『生命進化の物理法則』（河出書房新社）、『「協力」の生命全史』（東洋経済新報社）、『幸せをつかむ数式』、『探偵フレディの数学事件ファイル』（ともに化学同人）など多数。

タクシードライバーとの宇宙談義(うちゅうだんぎ)

第1版　第1刷　2024年9月25日

著　　者　チャールズ・S・コケル
訳　　者　藤原多伽夫
発 行 者　曽根良介
編集担当　津留貴彰
発 行 所　株式会社化学同人

〒600-8074　京都市下京区仏光寺通柳馬場西入ル
編　集　部　TEL 075-352-3711　FAX 075-352-0371
企画販売部　TEL 075-352-3373　FAX 075-351-8301
振　　　替　01010-7-5702
e-mail　webmaster@kagakudojin.co.jp
URL　https://www.kagakudojin.co.jp

印刷・製本　創栄図書印刷株式会社

ISBN978-4-7598-2382-0

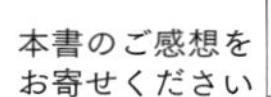